LES CHEVAUX

FRANÇAIS

EN 1840,

PAR F. PERSON.

CAEN,

IMPRIMERIE DE F. POISSON, RUE FROIDE, N° 18.

—

1840.

L'auteur de cet essai, issu d'une famille d'hommes de cheval, naquit dans un manège. Elevé au milieu des chevaux, ils devinrent pour ainsi dire un accessoire indispensable à son existence. Pour satisfaire à ce besoin, bien plus encore que par spéculation, il en fit le commerce pendant long-temps. Enfin, retiré à la campagne, il y est devenu éleveur et cultivateur. Il lui a donc été possible d'envisager les chevaux aux divers points de vue de la production, de l'éducation, de l'attelage, de l'équitation, de l'achat, de la vente et de la consommation. Il est loin cependant de se croire infaillible : bien loin de là, ce qu'il veut prouver au contraire, ce sont les difficultés sans nombre que présente une science dans la pratique de laquelle les hommes même les mieux placés pour l'étudier rencontrent à chaque instant des embarras nouveaux et imprévus.

LES

CHEVAUX FRANÇAIS

EN 1840.

L'état des chevaux en France , et particuliérement en Normandie , depuis long-tems , excite notre inquiétude et nos plaintes ; depuis long-tems on cherche à l'améliorer ; cependant , chaque jour il empire, et témoins d'un progrès journalier chez tous les peuples qui nous environnent, nous voyons avec douleur arriver pour nous le moment d'une décadence complète. Jusqu'à présent, une seule industrie paraissait directement souffrir ; les autres avec cette insouciance que donne l'égoïsme pour des maux dont on ne sent pas l'atteinte, n'y voyant d'ailleurs qu'une question commerciale, ne s'en sont pas autrement inquiétées, et, pour leur servir d'excuse, les sophismes n'ont pas été ménagés. Ce produit nous manquait, disait-on ; nous pourrions le remplacer par d'autres : le numéraire s'exportait à l'étranger ; ce serait peut-être un moyen d'engager celui-ci à venir acheter nos soieries et nos vins. Du reste, notre perte n'était que d'un intérêt secondaire ; il ne s'agissait que d'un commerce de luxe : les services publics, l'agriculture, l'armée, n'avaient aucun danger à courir : cette dernière même ne pouvait qu'y gagner. Sans concurrence sur les marchés, ses choix en deviendraient meilleurs ; et du jour qu'elle seule achèterait, chacun s'empressant de travailler pour elle, on ne tarderait pas à voir doubler le nombre et la qualité des chevaux de troupe.

A ces raisonnemens les faits sont venus opposer leur inexorable logique. Le commerce de luxe, depuis long-tems aux abois, a rendu les derniers soupirs. L'armée est restée maîtresse du champ de bataille. Chevaux de prix, carrossiers, chevaux de selle, troupiers, tout s'est vu à sa discrétion : et certes nous ne pouvons dire qu'elle n'ait pas usé généreusement de la victoire, ni qu'elle ait épargné peines ou dépenses pour la mettre à profit. Jamais ses prix n'avaient été aussi élevés ; jamais ses employés n'avaient montré plus de capacité ni de zèle. Les remontes en sont-elles devenues plus faciles à faire ou d'une qualité meilleure ? Hélas ! à aucune époque elles ne présentèrent plus de difficultés. A grand'peine leur est-il possible d'entretenir l'armée sur le pied de paix. Le moindre besoin imprévu les trouve inhabiles à le satisfaire. Des bandits, violant la foi des traités, égorgent-ils nos soldats isolés ou nos colons sans défense, et faut-il quelques escadrons pour refouler ces misérables jusqu'au fond de leurs repaires ; qu'on n'aille pas croire que la France entière suffise à fournir les chevaux nécessaires pour une semblable expédition. Non, elle devra recourir à l'étranger, porter son or dans les marais fangeux de la Hollande ; l'échanger contre les masses informes qui y vivent dans la boue et les brouillards , pour les envoyer sous un soleil dévorant , au milieu de sables sans bornes , lutter de vitesse et de sobriété contre les meilleurs chevaux de l'univers.

Telle est notre position après vingt-cinq années d'une paix non interrompue. Qu'on suppose maintenant une guerre européenne , une guerre où la rive droite du Rhin nous soit hostile , comme infailliblement elle le serait , pour quelque tems du moins , et qu'on juge de ce que nous deviendrions.

Un tel état de choses ne peut être toléré. Ce n'est plus seulement une branche de commerce en souffrance , une province lésée dans son industrie , une exportation de numéraire plus ou moins fâcheuse : c'est la France, c'est la patrie dépouillées d'un de leurs principaux moyens de force et de puissance , et livrées à la merci du plus minime roitelet de leur voisinage. Hâtons-nous donc de remédier au mal , et, pour cela , ne craignons pas de porter la sonde jusqu'au fond de la plaie , quelque douloureuse qu'elle puisse être.

Mais examinons , avant tout , comment il se fait qu'une question d'une telle importance soit si mal appréciée , et qu'un peuple aussi éclairé s'éloigne chaque jour davantage de la voie qu'il devrait suivre.

S'il est un moyen d'embrouiller une matière , c'est que chacun se mette à la commenter ; s'il est un problème embarrassant , c'est celui que chacun se croit capable de résoudre. Dans ce cas , et au premier rang peut-être , est ce que nous nommons la connaissance et que nos pères appelaient la science du cheval. Et pour eux , ce n'était point une science d'importance médiocre. Il y a deux siècles à peine , les Taquet , les de Lanoue , les Solleysel et tant d'autres n'auraient pas échangé, sans peine, leurs parfaits écuyers , leurs parfaits maréchaux , contre tout le bagage littéraire d'un Descartes ou d'un Corneille. La chose était fort ridicule sans doute ; moins cependant qu'elle ne nous le paraît aujourd'hui. Dans chacun de ces ouvrages se trouvait toute la vie d'un homme , souvent celle de plusieurs générations ; et comme ce qui nous occupe constamment prend à nos yeux une importance proportionnée , un peu d'orgueil était peut-être pardonnable à des gens qui se sentaient complètement maîtres du sujet auquel ils s'étaient voués corps et âme. Car , il ne faut pas s'y tromper, la passion , c'est le mot , la passion du cheval exclut à-peu-près toutes les autres , et ne laisse guères de place pour d'autres idées. L'homme de cheval ne pense , ne parle , ne s'occupe que de l'objet de sa prédilection. C'est à ce prix seulement qu'il peut en acquérir une connaissance approfondie ; et faut-il encore , pour qu'il y parvienne , que les circonstances lui permettent de produire , d'élever , d'employer aux travaux de l'agriculture , de vendre , d'acheter , de monter , d'atteler , d'user des quantités considérables de chevaux. Autrement , ses connaissances resteront toujours imparfaites , il ne verra jamais la question sous toutes ses faces ; et , toutefois qu'il voudra s'en mêler , il fera , par des idées absolues et sans contrepoids , plus de mal que de bien. Supposons , en effet , un producteur qui n'élève pas : son étude , à lui , ne dépassera pas les six mois qui suivent la naissance du poulain ; la science , à ses yeux , consistera dans tous les moyens imaginables de procurer à ce même poulain les apparences qui peuvent tenter l'acheteur : ces moyens seront-ils d'accord avec les qualités ou les services qui pourront être plus tard exigés de l'animal ? c'est ce dont il ne s'embarrassera guères. Passons à l'éleveur qui ne fait pas travailler : croit-on qu'il comprendra les graves inconvénients qui résultent du défaut de nourriture et d'éducation ? Pour l'éleveur qui laboure , que préférera-t-il à tout ? Un cheval d'une belle prestance , tranquille , franc du collier , qu'il faut plutôt pousser que retenir. Mais qu'on n'aille pas lui parler de finesse , d'âme , d'action , de sensibilité , de légèreté , de vitesse ; il prendra le tout pour du grec et tournera le dos. Quant au marchand qui n'achète que pour revendre , sa science , c'est de gagner ; tout sera bien tant qu'il pourra vendre plus cher qu'il n'aura acheté ; autrement , tout sera mal. Enfin, n'est-il pas évident que le consommateur des villes poursuivra à tort et à travers les qualités et les formes qu'il a rêvées , sans s'inquiéter si elles sont compatibles avec l'éducation , les travaux de la campagne , la balance des prix , toutes choses qui lui sont inconnues ?

De ce que l'on vient de voir , il résulte que s'il n'est pas besoin d'une grande portée d'esprit pour acquérir la science du cheval , il faut, d'un autre côté et par compensation , une étude et une pratique de tous les instans , et s'exerçant à la fois sur toutes les parties de cette même science. Aussi , à l'époque dont il est question , était-elle à-peu-près exclusivement l'apanage de grands propriétaires qui, vivant dans leurs terres , faisant beaucoup d'élèves , ayant de nombreux équipages , étaient tout à la fois producteurs , éleveurs , cultivateurs , vendeurs , acheteurs et consommateurs. Pour eux , elle n'avait pas de mystères : théorie et pratique, exemples et préceptes , chez eux , étaient inséparables. Servant de modèles au pays , ils exerçaient une influence salutaire sur cette foule d'intérêts opposés , qui , pour la prospérité de toute espèce de commerce , doivent être maintenus dans un juste équilibre.

Cependant , des habitudes nouvelles les enlevèrent à la vie des champs. Le morcellement de la propriété , résultat d'un nouvel ordre de choses , détruisit les grandes maisons. Le producteur cessa de consommer , le consommateur cessa de produire. Ces deux classes qui jusques-là , marchant sous la même bannière , s'étaient prêté un mutuel appui , oublièrent bientôt qu'elles étaient indispensables l'une à l'autre , et tendirent chaque jour à s'éloigner davantage. Restes précieux du passé , quelques hommes , il est vrai , conservant les anciennes traditions, s'opposèrent de tout leur pouvoir à cette séparation déplorable. Trop tôt , hélas ! la main du tems les atteignit et brisa en eux les derniers liens du faisceau : divisée , la science du cheval s'éteignit. Le producteur dépourvu de connaissances théoriques, et aveuglé par un intérêt mal entendu, ne vit plus que le moment présent et s'abandonna aux plus funestes conseils de la routine et des préjugés. Pour le consommateur, ce fut encore pis. Dans notre démocratique France, d'aristocratiques prétentions ne sont pas chose fort rare ; la connaissance du cheval jusqu'alors avait été le partage de gens nobles, ou vivant noblement, et supposait d'ailleurs des loisirs et de la fortune : personne ne voulut se refuser cette petite satisfaction. Les maîtres de la science étaient morts, leur héritage était vacant ; tout le monde y prétendit. Des titres, aucuns n'en présentaient ; des juges, il n'en existait plus : on les crut sur parole ; l'héritage fut envahi, et l'on ne tarda pas à voir plus de connaisseurs que de chevaux. Des gens qui, de leur vie, n'avaient quitté la ville, qui n'avaient vu ni un poulain ni une poulinière, qui étaient incapables de s'acheter un cheval ou de lui mettre une selle sur le dos, s'érigèrent en docteurs et décidèrent gravement des accouplemens et des espèces, des qualités et des défauts. La contagion s'étendit ; tous ceux qu'un peu de honte avait jusques-là retenus, suivirent le torrent, et bientôt ce fut une Babel complète.

Avec de semblables élémens, aucuns résultats ne sauraient surprendre. Producteurs et consommateurs disputèrent à l'envi de fautes et de bévues : aveugles sur leurs propres torts, ils n'aperçurent que ceux des autres et se prodiguèrent les reproches et les injures.

Il est tems que cela finisse. Enfans de la même patrie, tendant tous au même but, nous ne pouvons l'atteindre qu'en réunissant nos efforts ; divisés, nous sommes impuissans ; réunis, tout nous est possible. Oublions donc nos discordes, osons envisager la vérité, reconnaissons nos torts ; nous le pouvons, sans nous compromettre, car nul de nous n'en a été exempt. Mais, plus nos fautes ont été graves et nombreuses, plus il est nécessaire de les signaler toutes, afin de n'y pas retomber.

Accusateurs, accusés tour-à-tour, le gouvernement, l'administration des haras, l'administration de la guerre, la maison du roi, les producteurs, telles sont les parties au procès qu'il s'agit de vider. Examinons, avec impartialité, ce que chacun a fait et ce qu'il aurait dû faire; repoussons les allégations injustes; développons celles qui sont fondées et tâchons, sans arrière-pensée comme sans aigreur, d'arriver à la découverte de la vérité.

Il ne faut pas se le dissimuler cependant : vouloir tenir la balance égale entre des adversaires puissans et passionnés, n'épouser les erreurs des uns ni les préjugés des autres, blâmer le mal sous toutes les formes, applaudir au bien sans s'inquiéter de sa source, est une tâche assez ingrate, et qui souvent n'a d'autre résultat, pour celui qui l'entreprend, que de lui attirer l'animadversion de tous les partis. Mais la certitude qu'un résultat important ne peut s'obtenir qu'en bravant ce danger, doit être un motif suffisant de s'y exposer, pour l'homme qui, n'ambitionnant ni les applaudissemens de la foule, ni les faveurs du pouvoir, ne se propose que d'être utile à son pays.

§ 2.

En quoi les producteurs ont contribué à la dégénération de l'espèce.

Si un cheval, à peine à la moitié de sa crue, est livré à la production; si l'on oblige à porter et à nourrir un poulain une jument chez qui il reste encore à la nature des efforts à faire pour l'amener elle-même au degré de force et de volume qu'elle est destinée à posséder, n'est-il pas évident que le tempérament et la santé de l'un et de l'autre éprouveront les plus fâcheux effets de ces précoces amours , dont il ne pourra sortir d'ailleurs que des avortons sans vigueur et sans énergie? Que l'on parcourre la Normandie , on n'y trouvera pas un étalon qui ne commence à faire la monte à deux ans ; pas une poulinière qui ne soit saillie au même âge , et l'on ne manquera pas de gens pour affirmer qu'il n'en résulte aucun inconvénient , et que les produits ainsi obtenus sont les meilleurs.

Si un cheval est abandonné dans les herbages , hiver comme été , sans être jamais ni fréquenté , ni monté , ni attelé; sans être habitué de bonne heure et à la nourriture substantielle qui plus tard lui sera nécessaire , et à la température des écuries qu'il devra habiter un jour , n'est-il pas évident qu'il sera farouche , sauvage , indocile ; que le changement subit d'atmosphère , d'habitudes , de nourriture , lui occasionnera des maladies sans fin ? Si une jument destinée au commerce est forcée de produire dès sa plus tendre enfance , n'est-il pas évident que les fatigues de la gestation et de l'allaitement altèreront sa constitution et la rendront impropre au service? Qu'on parcourre le Merleraut , la Vallée d'Auge , le Cotentin , pas un cheval qui ait mangé deux grains d'avoine ou vu l'ombre d'un harnais ; pas une jument qui n'ait fait deux ou trois poulains avant que d'être mise en vente ; et l'on ne manquera pas de gens pour dire , quant aux chevaux , qu'ils coûtent moins à élever de la sorte ; que d'ailleurs , quand viendront les approches de la foire , un caveçon , un bâton , la privation de sommeil et un champ labouré en feront prompte justice , et qu'ensuite l'acheteur s'en arrangera comme il pourra ; quant aux jumens, que leurs poulains paient leur nourriture ; que cela n'empêche pas de les vendre , et qu'au surplus la chose s'est ainsi pratiquée de tems immémorial.

Si un cheval est livré au travail dans un âge trop peu avancé, si l'on demande des efforts à une machine à peine formée , à des tendons et à des muscles encore dans l'état de mollesse inhérent à l'enfance , n'est-il pas évident que cette machine se

dérangera ; que ces tendons et ces muscles éprouveront une ten-
sion pour laquelle ils n'étaient pas prêts , et dont les résultats
désastreux dureront autant que l'animal ? **Si** nos habitudes
exigent que nous exercions sur le cheval une mutilation qui
éteigne en lui des désirs que ressentent si vivement tous les êtres,
n'est-il pas évident que pour remplir complètement son but, elle
devra être pratiquée à un âge où ces désirs n'existent pas encore , où les organes destinés à les satisfaire ne sont formés qu'à
demi , où enfin la nature peut se prêter , sans efforts , aux modifications qui en doivent être la conséquence ? Qu'au contraire,
ces organes ayant avec les parties les plus essentielles de l'indi-
vidu des rapports intimes, et exerçant une influence en proportion de leur énergie , leur suppression , à l'époque où ils ont
acquis un développement complet , interrompant brusquement
ces rapports , il en doit résulter une secousse et un désordre
d'autant plus graves que l'âge de la croissance est passé , et
qu'ainsi l'équilibre est rompu sans retour ; qu'en conséquence,
des chevaux gardés entiers jusqu'à l'âge de quatre et cinq ans ayant
même assez souvent servi de pères , une partie périra necessai-
rement des suites de l'opération , et que le surplus , sans exception , ne s'en remettra jamais que d'une manière imparfaite ?
Que l'on parcourre toutes les plaines de la Normandie, et surtout
la plaine de Caen , la plus importante de toutes dans la question
qui nous occupe , on n'y trouvera pas un poulain qui ne soit attelé dès l'âge de dix-huit mois , souvent plus tôt , non-seulement
sur la charrue, mais encore sur des charrettes énormes, énormé-
ment chargées, et qui, grâce à l'épouvantable état des communi-
cations rurales, ne sortent guère sans tomber dans quelque bour-
bier où la paresse et la brutalité des conducteurs les retiennent
des jours entiers, et exigent des pauvres créatures des efforts cent
fois au-dessus de leur âge et de leurs forces. On n'y trouvera pas
un cheval qui ne soit gardé entier jusqu'à l'époque de la vente ,
fort heureux s'il n'a pas déjà fait la monte pendant plusieurs années , et l'on ne manquera pas de gens pour soutenir que de

tout temps il en a été ainsi ; que des années de travail prématuré et de privations de tout genre, seront plus que compensées par quelques mois d'une nourriture désordonnée , accompagnée d'un repos absolu , sans air et sans exercice , au fond d'une écurie pleine d'un fumier brûlant ; que les chevaux non castrés résistent mieux aux fatigues , reviennent plus promptement en état ; qu'on les vend même plus facilement , et qu'une foule d'acheteurs se laissent prendre aux apparences , sans penser à ce qui arrivera plus tard.

S'il est prouvé que dans la production du cheval , la part d'influence de la mère ne soit pas moindre que celle du père, n'est-il pas évident que les poulinières ne seront jamais trop bonnes , et que tout homme qui voudra être fructueusement producteur devra s'attacher avant tout à se procurer une bonne jument? Qu'on parcourre la Normandie , et l'on verra en général le producteur vendre ses meilleures élèves et ne garder pour produire que celles qu'il n'aura pu vendre à cause de leur médiocrité ; et l'on ne manquera pas de gens pour dire qu'il faut faire de l'argent avant tout. Sans doute ; et pourquoi ne pas faire manger le blé en herbe , cela épargnerait des frais d'herbage ?

Eleveurs de la Normandie , nous vous le demandons , est-il un mot dans ce qui précède , qui ne soit l'expression de l'exacte vérité ? Croyez-vous qu'avec un pareil système , aucuns résultats avantageux soient possibles, quand bien même , ce qui n'est pas , toutes les autres circonstances seraient en votre faveur ? Ne nous répondez pas par la longue énumération de vos griefs contre d'autres. Nous les connaissons comme vous , et vous verrez bientôt si nous les dissimulons. Mais les torts des uns ne diminuent pas ceux des autres. En eussent-ils cent fois davantage , vous n'en êtes pas moins coupables. Quelle aide pouvez-vous réclamer , si vous ne commencez par vous aider vous-mêmes ? Ecoutez donc les conseils de l'expérience et du raisonnement. Commencez par réformer vos habitudes vicieuses. Accoutumez-vous à concevoir que fût-il aussi bien inspiré que souvent il l'a été mal, le gouvernement ne peut pas tout faire ; bien plus, qu'il ne peut rien faire s'il n'est secondé par vous. Souvenez-vous que si, dans plus d'une circonstance, l'ignorance et la cupidité ont fait beaucoup de mal, dans d'autres aussi, votre entêtement et vos préjugés ont opposé d'insurmontables obstacles à aucune amélioration : que plus d'une fois vos plaintes irréfléchies et votre impatience ont étouffé le bien sur le point d'éclore : n'oubliez pas que dans la question que nous traitons, la mesure même la plus salutaire demande une assez longue période d'années, pour porter des fruits apparens ; et que, d'un autre côté, un faux système peut opérer pendant long-tems avant que de laisser apercevoir ses fâcheux résultats.

Que demandez-vous ? Que le gouvernement au moyen d'un droit protecteur vienne à votre secours ; mais à quel titre, s'il vous plaît, forcerez-vous le reste de la France à faire usage de chevaux que vous persistez à ne rendre propres ni à ses besoins ni à ses goûts ? Car, songez-y bien, pour produire le résultat que vous en attendez, il faudrait que ce droit fût élevé et devînt, en quelque sorte, prohibitif. Or, vous vivez sous un gouvernement de majorités : vous n'en obtiendrez un droit en faveur de vos produits, qu'en consentant des droits analogues en faveur de ceux des autres provinces. Ce que vous demandez pour vos chevaux et vos bœufs, d'autres le demanderont pour leurs blés ; ceux-ci pour leurs fabriques ; ceux-là pour leurs usines. Les peuples voisins, comme de raison, ne resteront pas en arrière ; et quand une fois vous aurez entièrement isolé la France, que toutes ses relations extérieures seront interrompues, alors bercés par l'espérance d'un débit assuré, conservant religieusement vos préjugés et votre routine, vous vous endormirez dans une douce quiétude : puis un beau matin, vous vous réveillerez d'un demi-siècle en arrière de votre époque. Au demeurant, le système protecteur est jugé : à tort ou à raison le siècle n'en veut plus : sa dernière heure approche, et il n'est pas plus possible aux gouvernans qu'aux gouvernés , de lui conserver l'existence. Nous nous serions même bornés à ce peu de mots , si nous ne savions qu'il est un assez grand nombre de personnes qui , sous l'influence d'idées étroites de localité , rêvent encore sa résurrection.

Vous dites : Nos chevaux , autrefois étaient en grand renom ; on venait de toutes parts nous les acheter. Aujourd'hui personne n'en veut plus : cela vient de ce qu'ils sont dégénérés, et ils sont dégénérés parce que l'administration nous fournit de mauvais producteurs. Qu'elle nous rende nos étalons normands , et nous rétablirons notre race dans sa pureté primitive. Pourriez-vous nous dire où ils sont les étalons normands qui doivent opérer cette cure miraculeuse ? Quant à nous , nous n'en connaissons pas d'autres que les fils de ces mauvais pères que vous fournit l'administration. Voudriez-vous en même tems nous dire ce que vous entendez par ces mots : *Race normande?* car, nous avouerons notre ignorance à cet égard. Qu'il y ait une province qui porte le nom de Normandie, que cette province possède d'abondans pâturages, un sol fertile, des fourrages succulens, un climat tempéré, toutes conditions favorables au développement des formes et des qualités que réclament de l'espèce du cheval nos habitudes et nos besoins : voilà ce que nous savons. Que le cheval, à l'état de domesticité , y ait été importé par nos aïeux , qu'au moyen de soins assidus et intelligens , secondés par l'influence du sol et du climat, ils l'aient amené à un degré quelconque de perfection : voilà ce que nous comprenons. Mais qu'il y ait une race normande , produit spontané du pays, qui se trouve là et non ailleurs ; que cette race soit capable de se suffire, bien plus de se régénérer elle-même : c'est ce que nous ne pouvons accorder. Tant que la vôtre s'est maintenue dans un état prospère , de bons étalons du pays , secondés par quelques autres d'un type plus pur , pouvaient peut-être lui suffire : nous ne prétendons pas le contester. Mais dégénérée au point où elle l'est , elle réclame , croyez-le bien , des remèdes plus actifs. Vous demandez

des étalons normands ! ouvrez donc les yeux : toute la généra-
tion actuelle est de leur fait. Il n'y a pas dix ans , vos haras en
étaient encombrés; ils ne le sont encore que trop aujourd'hui. Qui
a empoisonné le pays de ces têtes longues et bêtes , de ces épaules
rondes, de ces garots enterrés, de ces reins mous, de ces hanches
faibles, de ces jarets empâtés qui font notre désespoir? Des étalons
normands !—Qui a donné l'être à cette quantité de rosses qui
déshonorent le nom de poulinières, à cette multitude de troupiers
manqués qu'on ne trouve même plus dignes de porter des soldats ? Des étalons normands !—Continuez de les employer dans
l'état auquel ils sont réduits , et vous descendrez plus bas encore , si la chose est possible toutefois. Non , non ; c'est une
graine dégénérée qui ne peut plus que vous nuire ; il faut qu'elle
soit complètement renouvelée. Depuis long-tems , elle aurait dû
l'être. Car , ne vous y trompez pas , le mal ne date pas d'hier ,
comme vous paraissez assez disposés à le croire. Vous avez entendu dire qu'il existait autrefois en Normandie une race de chevaux excellente pour l'attelage , la ronte , la chasse et la guerre,
et comme vous habitez la Normandie , que vous y élevez des
chevaux , et qu'on se laisse aller volontiers aux illusions qui
flattent , vous vous êtes en allés disant non pas que les chevaux
normands avaient été , mais qu'ils sont une des meilleures races
de l'univers. Vous l'avez tant répété , que vous avez fini par le
croire. Et cependant , nous tous qui nous souvenons d'une tren-
taine d'années , nous savons qu'en penser.

Il nous serait facile de multiplier les citations , et d'appeler
Pichard , Huzard , Bourgelat et une foule d'autres , pour vous
prouver qu'il y a déjà long-tems , trop long-tems , que vos funestes habitudes détériorent votre race et excitent les plaintes.
Mais à quoi bon : vous n'en conviendrez pas davantage de vos
torts. Vous accuserez la mode , le caprice ; vous nous direz que
vos usages ont toujours été les mêmes; que vos chevaux sont absolument élevés et traités comme ils l'étaient autrefois; qu'alors on
les trouvait bons; que vous les vendiez facilement, et que si vous

ne le pouvez plus aujourd'hui , cela doit tenir à d'autres causes.

Vous venez de l'entendre , dès lors on se plaignait et avec amertume. Mais on ne se serait pas plaint qu'il n'en faudrait rien conclure. Ne voyez-vous pas que tout est changé autour de vous , et que vous seuls êtes restés immobiles ? A cette époque le commerce reposait sur des bases toutes différentes de celles d'aujourd'hui. Le défaut d'éducation et de nourriture des chevaux d'herbe , l'excès de travail et la castration tardive des chevaux d'écurie , présentaient les mêmes inconvéniens sans doute ; mais les consommateurs d'alors avaient des moyens de s'y soustraire , ou du moins de les supporter , ceux d'à présent n'en ont aucun. D'abord , l'espèce était meilleure ; puis, vous aviez les grands propriétaires dont nous avons parlé , qui élevaient d'une manière toute différente ; enfin, la province était peuplée d'amateurs que nous appellerons, si vous voulez , consommateurs de transition , qui achetaient vos chevaux à trois ans , et les revendaient à cinq ou six , après les avoir opérés, debourrés et engrainés. C'était déjà , comme vous voyez , une ressource importante pour le commerce. Quant à ceux qui passaient directement de vos mains dans celles du consommateur définitif , ils avaient été chez vous plus ménagés et mieux nourris , car vous en aviez deux fois plus qu'aujourd'hui , et le système des jachères vous donnait un tiers moins de travail et vous forçait à récolter de l'avoine. Où allaient-ils ensuite ? Dans de grandes maisons où il s'en trouvait toujours un certain nombre qui permettait de laisser aux nouveaux venus le tems de s'acclimater , de rétablir leur santé , de former leur éducation ; dans de vastes écuries bien aérées , surveillés la nuit comme le jour , entre les mains de cochers et de piqueurs habiles ; tout ce qu'ils pouvaient posséder de moyens avait l'occasion de se développer , et les inconvéniens qui résultaient de votre manière d'élever étaient neutralisés autant qu'il était humainement possible de le faire. Et cependant dès lors on se plaignait , dès lors on avait recours à l'étranger. Chez vous , maintenant , combien comptez-vous d'amateurs qui aient un cheval pour l'amour du cheval ? Combien de ces consommateurs de transition dont nous venons de parler ? Plusieurs gens, il est vrai , ont des chevaux pour leur service ; mais Dieu sait quel service ! Ne voyant en eux qu'un moyen de transport , insensibles à des qualités dont ils n'ont pas la conscience , aveugles sur des défauts qui feraient mourir à coup d'épingle un cavalier , ils n'ont qu'un but , c'est d'être portés et traînés ; que du reste l'animal forge ou ne forge pas, qu'il tousse ou ne tousse pas , qu'il ait le nez par-dessus les oreilles ou sur les sabots, qu'il lui faille des coups de fouet ou des coups de bâton , peu importe : ils sont arrivés tout de même , leur ambition est satisfaite. Des amateurs de cette force sont une faible ressource , et vous ne pouvez plus compter sur personne pour dégrossir vos chevaux. Il faut qu'ils aillent directement de votre écurie dans celle du consommateur définitif. Nous ne parlons pas du marchand, car il n'y a pas de commerce possible , s'ils font autre chose que passer entre ses mains ; et c'est justement là une des grandes causes qui ont fait fuir votre pays par tous les marchands. Voyons quel est maintenant ce consommateur définitif? et veuillez nous suivre jusqu'aux lieux où il réside. C'est là que vous trouverez une révolution complète : plus de grands établissemens , plus de piqueurs, plus de cochers ; sur l'emplacement de l'hôtel il s'est élevé dix maisons. Le nombre des consommateurs est décuplé , mais la fortune est décimée. Tout le monde a des chevaux , personne n'a plus d'écurie. Magistrats , médecins , banquiers , marchands , avocats, tous ont un ou deux chevaux , suivant le genre de voiture dont ils font usage. Occupés d'objets plus importans , il est inutile de dire qu'il n'en est pas un sur cent qui se doute de ce que c'est que le cheval , ni quels soins il réclame. Le domestique assez souvent n'en sait pas beaucoup plus ; d'ailleurs, presque toujours, cumulant plus d'un emploi , il ne lui serait guère possible de faire usage de sa science. Telles sont , en général , les mains à qui sont remis vos chevaux d'herbe qui n'ont jamais vu ni une selle ni un collier , vos chevaux de plaine castrés de quinze jours , vos jumens aux mamelles remplies de lait. Voilà les gens à qui sont dévolus les mille petits soins indispensables pendant des mois et quelquefois des années , pour rétablir leur santé et leurs forces , ou pour faire leur éducation. Voyez-vous cette espéce de niche de sept pieds de haut sur sept pieds de long , n'ayant d'autre ouverture que la porte ? À Paris cela se nomme une écurie. C'est là-dedans qu'on va les placer : trois pieds de large sont accordés à chacun. Aux rares intervalles que laisseront au domestique ses nombreuses occupations ou ses plaisirs , il viendra leur rendre une courte visite ; du reste , ils peuvent tousser , trembler , se mordre , se battre , s'étrangler sans que personne les dérange. Celui qui autrefois les aurait veillés et la nuit et le jour est maintenant séparé d'eux par cinq ou six étages , et s'il éprouve quelque dérangement dans son sommeil , ils en seront fort innocens , soyez en sûrs.

Dans des maisons ainsi organisées , on n'attend ni des années ni des mois. Dès le lendemain de leur arrivée , il faut conduire le maître à ses affaires , la maîtresse à l'opéra : passer des heures entières sous un soleil ardent ou une pluie glaciale. Les catarrhes , les fluxions de poitrine ne se font pas attendre. Le vétérinaire et le pharmacien sont appelés ; on dépense beaucoup d'argent , et cependant on est à pied. Aussi , dès qu'un peu de mieux se manifeste , on se hâte d'en profiter. Survient une rechute plus grave. Si la bête n'en meurt pas , il faut l'échanger , ce qui revient au même. Le nouveau venu qui se trouve dans les mêmes conditions , éprouve les mêmes accidens. Si quelques-uns y échappent et que ce soient des chevaux de la plaine , exténués par un travail prématuré , démoralisés par une castration tardive , il faut les rouer de coups pour les faire marcher ; que ce soient au contraire des chevaux d'herbe , c'est une série interminable de harnais brisés , de timons rompus , de cavaliers démontés. Alors la patience échappe tout-à-fait. On s'en prend au marchand. On le quitte. On entend dire qu'il y a chez d'autres des chevaux étrangers qui sont castrés , fréquentés , engrainés de jeune âge : on les achète. Le marchand qui perd ses pratiques , l'une après l'autre , par suite de la mauvaise qualité de vos produits , vous plante-là et va voir si , comme les autres , il ne pourra point , avec les étrangers , réparer le mal que lui ont occasioné les indigènes. Avez-vous le droit de vous en plaindre ?

Cependant , quand le commerce suit une direction , il est si difficile de la lui faire quitter , qu'il lui a fallu vingt-cinq ans pour oublier entièrement la route de votre pays : c'est ce qui vous a perdus. Si les marchands vous eussent abandonnés en masse , peut-être une secousse violente vous eût-elle fait sortir de votre torpeur. Malheureusement il n'en a pas été ainsi. Chaque année, il est vrai , en voyait diminuer le nombre : on vous criait que les autres ne tarderaient pas à en faire autant, si vous persistiez dans la funeste voie où vous étiez engagés ; vous vous bouchiez les oreilles et ne vouliez rien écouter , tant qu'il vous en restait quelques-uns. Cependant , les uns s'y sont ruinés et sont morts à la peine; les autres , plus sages , ont battu en retraite : ils ont tous disparu.

Vous n'étiez pas encore convaincus, la province, qui n'imite jamais Paris que de loin , et où les inconvéniens dont nous venons de parler étaient un peu moins sensibles , la province vous restait : elle aussi vous a quittés. On pourrait croire que de cette fois vos yeux se sont ouverts , et qu'enfin vous avez compris la nécessité de changer de système : pas du tout. Vous aviez encore une ressource, c'était l'armée ; l'armée qui , autrefois , ne venait qu'en troisième ligne ; l'armée à qui , à cette époque , vous auriez fermé votre porte avec dédain , tant que la capitale et la province n'avaient pas fait leur choix. Autre tems , autres mœurs. Vous vous êtes humanisés avec elle ; toutes vos écuries lui ont été ouvertes : bons et mauvais ont été mis à sa disposition. Elle voulut bien venir à votre secours, c'était son intérêt comme le vôtre. Mais elle avait déjà passé par vos mains, le moment était favorable, elle fit ses conditions, elle exigea le sacrifice de la plus fâcheuse de vos habitudes : pour vous y encourager, elle haussa ses prix.

L'augmentation de prix vous allait assez, mais renoncer à cette chère routine à laquelle vous teniez en raison de ce qu'elle vous avait déjà coûté, quel serrement de cœur ! Cependant vous aviez vos chevaux sur les bras ; il fallait vous en défaire coûte qui coûte. Vous promîtes tout ce qu'on voulut. Vous fûtes débarrassés, bien payés, et si vous eussiez pour l'instant rencontré un Parisien ou un Angevin, même de ceux que vous aviez ruinés, c'est tout au plus si vous l'eussiez regardé. Il y avait, à la vérité, un revers à la médaille ; vous aviez fait un pacte avec l'armée, mais l'armée n'est pas le diable, et le diable lui-même n'est pas toujours le plus malin. D'ailleurs, vous aviez une année devant vous : c'est si long une année ! Cependant les jours, les mois se succédaient, et vous, semblables à des enfans qui ont à prendre médecine, vous repoussiez toujours la coupe amère ; aussi, lorsqu'à l'époque convenue, l'armée, comptant sur vos promesses, vint réclamer son contingent annuel, en étiez-vous au même point. Il n'y avait plus à reculer, il fallut s'exécuter et vous vous mîtes en besogne. Malades ou bien portants, gras ou maigres, jeunes ou vieux, tout y passa.

Les suites d'une pareille manière d'opérer sont faciles à comprendre. Une partie des chevaux mourut dans vos écuries ou dans celles de l'état : le reste ne valait pas mieux que par le passé. Pourquoi faut-il que l'armée, par une indulgence mal entendue ou par suite de besoins trop pressans, ne vous ait pas donné une leçon que vous méritiez si bien et qui vous aurait été si utile ! Vous aviez manqué à vos promesses, elle avait le droit de vous laisser dans l'embarras : malheureusement elle ne le voulut ou ne le put pas. Enchantés de votre succès, ne comprenant pas que ce qu'elle vous demandait , n'est pas moins important pour vous que pour elle, vous avez continué de la tromper. Savez-vous ce qui en est résulté ? Soit qu'elle ait cru réellement que vous remplissiez vos promesses , soit qu'elle ait pensé que vous étiez incorrigibles , les résultats ont été les mêmes pour elle , ils seront les mêmes pour vous. Elle a continué de perdre une partie de ses chevaux et de voir les autres sur la paille. Elle s'est ennuyée : on le serait à moins. A son tour , elle va prendre le chemin de la Hollande. Savez-vous ce que c'est que la Hollande ? C'est un vaste marais bien au-dessous du niveau de la mer. Le Rhin , la Meuse , l'Escaut , y charrient toutes les boues de l'Europe. Les chevaux qu'on y trouve n'ont ni jambes ni corps ; ils ont des hanches , des croupes et des queues à faire dresser les cheveux sur la tête ; des pieds qui passent toute imagination. Elevés dans l'eau , c'est un assemblage éternel de solandres , de malandres , de peignes , de teignes , de gale , de crevasses , de seimes , de bleimes , d'oignons , de durillons , de crapauds et de fourmillères. Voilà les chevaux que l'on préfère aux vôtres et avec raison. Ils ne sortent pas sans se déferrer ; ils sont boiteux la moitié de l'année ; ils consomment gros comme eux d'onguens et de médecines : nous n'en disconvenons pas. Mais ils sont castrés de jeune âge , mais ils sont dociles , sensibles : ils font ce qu'ils peuvent , les malheureux ! Le consommateur qui se figure qu'un cheval est fait pour le porter ou le trainer , les trouve quand il en a besoin ; et , vaille que vaille , ils lui rendent l'un et l'autre service : tandis que les vôtres , grâce à vos soins intelligens , faut-il le redire encore , ne peuvent ou ne veulent lui rendre de service d'aucun genre. Et cependant , maintenant que nous vous avons dit vos vérités , nous pouvons en convenir , vos chevaux , le jour que vous le voudrez , n'auront pas de supérieurs dans l'univers.

§ III.

Remontes de l'armée.

Ainsi qu'on vient de le voir , nombreuses sont les fautes qui peuvent être reprochées aux producteurs. Mais sont-ils les seuls coupables ? a-t-il même dépendu d'eux d'agir autrement? Ceux dont le devoir était de les éclairer , de leur fournir des moyens d'amélioration , de leur procurer des encouragemens et des débouchés , l'ont-ils fait ? Si l'on adresse de justes remontrances aux populations , pour des torts dont , en définitive , elles sont les premières victimes , sera-t-il un langage suffisamment sévère pour un gouvernement , pour des administrations qui depuis vingt-cinq ans semblent , à l'envi , prendre à tâche d'aggraver le mal ?

Alors que les élémens de production appauvris par suite de nos désastres , demandaient plus de soins et de sacrifices que jamais ; alors que le pays écrasé d'impôts , pressuré par les armées ennemies , avait plus que jamais besoin d'aide et d'encouragement , de quel spectacle sommes-nous témoins ? L'armée se remontant à l'étranger ; les chefs du gouvernement , et , à leur exemple , tous les dignitaires de l'état , portant notre or à nos ennemis. Une administration créée pour éclairer la nation , pour lui procurer les moyens d'améliorer et de régénérer ses chevaux , devenue la proie du favoritisme le plus aveugle , n'ayant ni plan ni système , vivant au jour le jour , blâmant le lendemain ce qu'elle avait recommandé la veille , changeant à tout instant de directeurs et de direction.

Oui , nous le disons sans crainte d'être démentis , l'état de dégradation des chevaux en France est dû avant tout au défaut de connaissances des hommes qui , depuis longues années , se sont trouvés à la tête des administrations qui exercent sur eux de l'influence. Parce que malheureusement la science du cheval ne peut se réduire en formules , qu'elle ne peut se manifester par des signes extérieurs ; on en est venu au point de la considérer comme un vain mot , et de croire sur parole tous ceux qui jugeaient convenable de s'en gratifier. Toutes les autres positions sociales réclament des travaux prépara-toires ; un ministre , quelque dépourvu de vergogne qu'on le suppose , n'oserait faire un magistrat qui n'eût pas étudié le droit ; un ingénieur qui ne sût pas les mathématiques. Mais s'agit-il des chevaux : oh ! alors , tout est permis. Là , il n'est plus besoin d'avoir fait ses preuves , ou plutôt , s'il est bien prouvé qu'on ne soit propre à quoi que ce soit , il semble que cela devienne un titre pour arriver d'emblée aux plus hauts degrés de l'échelle , au mépris des droits acquis par les plus longs et les plus honorables services. Aussi , la conscience de leur nullité n'arrête-t-elle aucun des concurrens , certains qu'ils sont de ne pouvoir faire pis que les autres.

Et l'on reprochera aux cultivateurs la qualité inférieure de leurs produits , leur trop petit nombre , la mauvaise nourri-ture , l'excès de travail ou le défaut absolu d'éducation ! Mais où auraient-ils trouvé de meilleurs élémens de production , qui les aurait guidés dans une meilleure voie ? Qui les aurait indemnisés de leurs dépenses ?

Cependant , après de longues années de ce déplorable sys-tème , quand le mal avait déjà jeté de profondes racines , l'on témoigna le désir d'y rémédier ; et au moment où le nombre et la qualité de nos chevaux étaient diminués de moitié, on décida qu'on n'en emploierait plus d'autres pour le ser-vice de l'armée. Pour y parvenir , on avait à choisir entre trois modes différens : les fournitures , les dépôts de remontes , les achats par les régimens. Examinons sommairement ces diverses méthodes , leurs avantages , leurs inconvéniens , leurs résultats.

Des fournitures.

Un fournisseur, moyennant un prix fixé à l'avance, se charge de livrer à un lieu convenu, à une époque déterminée, un certain de nombre de chevaux. Ce mode est bien évidemment le plus simple, le plus expéditif et le moins dispendieux, du moins en apparence. Cependant il entraîne de si graves inconvéniens; il donne naissance à de tels abus, et à de tels scandales, qu'on est assez généralement d'accord sur la nécessité d'y renoncer à jamais; bien qu'il conserve de chauds partisans, qui, dans les momens de crise où le prétexte du salut de l'Etat fait oublier toute autre considération, ne manquent jamais de le préconiser, et de vouloir y recourir. Mais pour peu qu'on y regarde de près, on est toujours certain de trouver l'intérêt personnel au fonds de leurs réclamations. Voici au demeurant comme les choses se passent dans cette occurrence. Une fourniture considérable de chevaux pouvant offrir de gros bénéfices, il est inouï que ceux qui en disposent laissent échapper l'occasion d'en profiter pour eux mêmes ou pour leurs créatures. Aussi est-elle accordée invariablement à des prête-noms, des parents ou des maîtresses, soit du ministre, soit de quelque employé supérieur. Ceux-ci la cèdent à d'autres moyennant une somme plus ou moins forte, et le marché passe généralement par trois ou quatre mains étrangères au commerce des chevaux, avant que d'arriver à moitié du prix payé par l'Etat, à celui qui doit l'exécuter et qui se trouve ainsi dans la nécessité, d'une part, de rançonner l'éleveur que le défaut de concurrence met à sa merci, et d'autre part de ne pouvoir acheter que des chevaux au-dessous du médiocre. De plus, dans ce système, il devient à peu près impossible d'exclure les chevaux étrangers, et comme leur emploi pour le service de l'Etat est la ruine certaine, infaillible des races indigènes, il en résulte évidemment qu'il n'est permis de recourir à ce moyen dans aucune circonstance.

Des dépôts de Remontes.

Les abus que nous venons de signaler étaient si évidens, leurs résultats si déplorables, les plaintes qu'ils excitaient si unanimes, que force fut au gouvernement d'y chercher un remède.

Concilier les intérêts de l'état et ceux de l'éleveur, en donnant à celui-ci les moyens de recevoir intégralement la somme payée pour son cheval ; assurer l'amélioration de l'espèce, en procurant au producteur des débouchés certains et avantageux, tel était le problème à résoudre ; voici comme on s'y prit pour y arriver :

Il fut décidé qu'on établirait, au centre des pays producteurs, des dépôts où chaque éleveur pourrait amener son cheval et en recevoir le prix déterminé pour l'arme à laquelle il convenait. C'était une belle et généreuse idée : convenablement exécutée, elle pouvait avoir les plus avantageux résultats : de la manière qu'elle le fut, on parvint à faire regretter les fournitures. Croira-t-on qu'il se soit trouvé de ces dépôts organisés dans le but que nous venons de dire, où tout cheval conduit par d'autres qu'un ou deux individus privilégiés, était rejeté sans examen, et admis le lendemain, s'il était présenté par eux ? Croira-t-on que quand la population indignée de cette décision, eût cessé de s'y rendre, ils ont été alimentés pendant long-tems avec des bandes de chevaux allemands et hollandais, qui tous étaient reçus et inscrits comme indigènes ? que la chose était connue de tout le pays, et qu'il s'est trouvé une administration qui l'a souffert ? A la fin, cependant, il lui fallut ouvrir les yeux et supprimer quelques abus. Mais elle ne put jamais comprendre que de semblables établissemens demandent, pour première condition, de la fixité dans les idées, de la suite dans l'exécution; que toutes les paperasses et tous les réglemens ne valent qu'avec les hommes convenables ; qu'en un mot, il faut des hommes spéciaux et disposés à consacrer leur vie entière à ce genre d'occupation ; et que des changemens perpétuels ne peuvent occasioner que des résultats désastreux.

Que peut faire, quel que soit son mérite, l'homme qui ne connaît pas le pays et que le pays ne connaît pas? quelle confiance peut-il inspirer aux habitans ? quelle influence peut-il exercer sur eux ? Il n'est au monde qu'une chose capable de les faire renoncer à cette foule d'habitudes fâcheuses dont on se plaint, et qui toutes prennent leur source dans une économie mal entendue : c'est la certitude que leurs sacrifices seront appréciés, et leurs produits achetés en conséquence.

Est-ce en changeant journellement d'employés qu'on leur donnera cette certitude ? On se plaint entr'autres des inconvéniens d'une castration tardive, et l'on blâme la ténacité des cultivateurs. A quoi tient-elle ? A cela seul. S'ils avaient toujours affaire au même acheteur, quand il les engagerait à castrer un poulain, ils s'y prêteraient volontiers dans l'espoir de le lui vendre plus tard ; mais ils savent que dans cet intervalle, deux ou trois acheteurs se seront succédé ; que ce qui plaisait à l'un déplaira probablement à l'autre, et que l'animal leur restera sur les bras. Dans cette incertitude, ils gardent leurs chevaux entiers, parce qu'ils s'affranchissent ainsi de quelques risques, que leurs habitudes les y engagent, et que d'ailleurs, ne pouvant compter sur l'armée d'une manière certaine, ils n'auront d'autres ressources que les postes et les diligences qui rejetent les chevaux castrés.

On ne saurait donc le redire assez : les dépôts de remontes ne peuvent prétendre à aucuns résultats avantageux, tant qu'il n'y existera ni unité de vues ni stabilité dans les emplois. Dans un espace de vingt années, leur personnel n'a pas été renouvelé moins d'une dixaine de fois ; cependant , si tous les employés n'étaient pas à la hauteur de leur mandat , on ne peut nier qu'il ne se rencontre parmi eux des hommes d'une haute capacité et que l'on devrait conserver à tout prix. Certes , de toutes les missions d'un militaire , si celle-là n'est pas la plus brillante , elle est , en réalité , la plus importante : et celui qui procure de bons chevaux à dix régimens , mérite pour le moins aussi bien de son pays que s'il pourfendait chaque matin dix Arabes. Il faudrait donc que tout officier employé dans les remontes y fût laissé le plus long-tems possible , et qu'il fût assuré d'y trouver un avancement et des récompenses proportionnées à l'importance de ses services.

Mais par cette même raison , il n'y faudrait admettre que des hommes d'un talent reconnu ; car , il ne s'agit pas là seulement d'être bon officier , il faut encore être profondément versé dans la connaissance du cheval ; et , si nous devons dire ici toute notre pensée , la grande majorité de nos officiers de cavalerie nous donnerait moins de souci en face d'une redoute ou d'un carré , qu'au milieu d'une foire.

Les dépôts une fois composés entièrement d'hommes possédant la science du cheval , et recevant une impulsion uniforme et des ordres clairs et précis d'une administration supérieure , également dirigée par des chefs habiles , on opèrerait promptement dans les habitudes tous les changemens que l'on pourrait raisonnablement demander. Mais tant que l'administration s'effaçant , laissera chacun faire à sa tête , il en résultera des inconvéniens fâcheux pour le pays , encore plus fâcheux pour l'état. En effet, pour relever cette branche de commerce , il faut avant tout aux producteurs de la sécurité ; et le moindre obstacle qui vient arrêter le mouvement régulier des affaires , détruit , en peu de jours , les résultats obtenus avec peine par plusieurs années d'efforts non interrompus.

Ainsi , par exemple , comme nous le disions à l'instant , la castration tardive rend mauvais les meilleurs chevaux ; elle détruit leur énergie ; elle est la source principale de tous ces fléaux qui , sous le nom de tétanos , de farcin , de morve , font perdre à l'état chaque année un quart de ses chevaux ; elle abrége l'existence des autres. Jamais les chevaux ne réussiront tant qu'on n'aura pas obtenu qu'ils soient castrés dès l'enfance. On n'a pu encore y parvenir. Cependant , un certain nombre d'éleveurs commençaient à en comprendre la nécessité , et l'administration , lorsqu'après de trop longs délais elle se décida enfin à l'exiger , n'eût pas tardé à l'obtenir , si elle eût su donner à ses employés une impulsion uniforme et des ordres absolus. Car de semblables mesures ne peuvent être efficaces , si elles ne sont générales et exécutées avec une inexorable inflexibilité. Tout cheval , quel que fût son mérite d'ailleurs , devait être rejeté , s'il n'était dans les conditions voulues. Malheureusement il n'en fut pas ainsi. Des instructions trop peu explicites , un défaut de surveillance et de fermeté ont laissé chacun maître de suivre ses inspirations. Au lieu d'une marche uniforme pour toute la France , on a vu chaque établissement , chaque employé même , modifier à sa guise les résolutions arrêtées. Ici l'on ne voulait que des chevaux castrés depuis long-tems ; là , on se contentait qu'ils le fussent , sans s'inquiéter de l'époque ; plus loin , on les achetait entiers , à la seule condition de les livrer castrés.

Les suites d'un tel défaut d'ensemble se conçoivent facilement. On sait ce qu'il en coûte aux hommes pour faire le sacrifice de leurs habitudes et de leurs préjugés. Les cultivateurs ne se voyant plus sous le coup d'une nécessité actuelle et inévitable , ont cru tout gagner , en gagnant du tems ; mettant à profit cette incertitude , ils ont persisté dans leur funeste système , et nous ne sommes pas plus avancés que le premier jour. Mais la faute en est moins à eux qu'à l'administration. Quels sont en effet les rapports du gouvernement et des gouvernés ? Ceux d'un père et de ses enfans , d'un tuteur et de ses pupiles.

Or il ne suffit pas d'indiquer aux enfans ce qu'ils ont à faire ; il faut savoir au besoin les y contraindre.

Il ne faut pas oublier cependant que si trop d'indulgence est nuisible , trop d'exigence l'est quelquefois aussi. Car il ne faut pas le perdre de vue , la question est complexe ; elle est commerciale sans doute , mais elle est encore plus politique. Si le gouvernement était un acheteur ordinaire , la tâche de ses agens serait fort simplifiée. Les chevaux ne remplissant pas complètement leur but , ils les laisseraient aux vendeurs et tout serait dit. Mais quelles seraient les conséquences d'une semblable mesure ? Les voici : les vendeurs perdant le débouché sur lequel ils avaient compté , garderaient leurs chevaux , ou s'en débarrasseraient à vil prix. Dans le premier cas , ils n'achèteraient pas de poulains ; dans le second , n'ayant plus de placement assuré , et persuadés qu'on ne peut compter sur rien avec le gouvernement , ils n'en achèteraient que le moins possible , et y mettraient peu de prix. D'un autre côté , l'état ne peut long-tems se passer de chevaux ; il se trouverait bientôt contraint à en prendre de plus médiocres encore que ceux qu'il aurait refusés , ou d'en aller chercher à l'étranger. Ce dernier parti aurait pour résultat inévitable d'anéantir ce qui nous reste , et , dans le cas d'une guerre, de nous livrer à la merci de nos voisins. Certes nous ne venons pas dire que le gouvernement doit se charger de mauvais chevaux ; mais dans l'état d'infériorité où nous sommes tombés , en grande partie par sa faute , il ne doit pas se montrer trop difficile , ni repousser le passable , tout en se disposant par degrés à être mieux servi par la suite. Mais encore un coup , il ne peut y parvenir qu'après que les chevaux qui remplissent en ce moment les écuries seront écoulés ; et ils ne peuvent l'être qu'avec son aide. Qu'il prenne garde par trop de sévérité de faire souvenir les cultivateurs que de toutes les branches de l'industrie agricole , la moins productive (et nous n'exprimons là qu'une partie de la vérité), la moins productive , disons-nous , est l'élève du cheval. Ce serait vraiment bien un autre embarras.

En prenant les chevaux castrés trop récemment , on a beaucoup nui sans doute à la mesure qu'il s'agissait de propager ,
mais, après avoir long-tems suivi cette marche, la vouloir changer brusquement ne serait pas moins nuisible. S'il existe en ce
moment un certain nombre de chevaux castrés, quoique nouvel-
lement , les laisser aux cultivateurs nous paraîtrait impolitique.
Mais il serait facile, ce nous semble, de profiter de cette circonstance pour concilier les intérêts de ceux-ci et du gouvernement.
Supposons que chaque acheteur des remontes parcourre sa circonscription ; qu'il prenne connaissance de tout ce qui s'y
trouve de chevaux de quatre ans à un an ; qu'il donne à chaque
éleveur un délai quelconque pour les faire tous castrer , et
leur promette qu'à cette condition il va les débarrasser encore
une fois de leurs chevaux d'âge , qu'autrement il n'en prendra
pas un , que cette déclaration soit faite officiellement dans tous
les dépôts qui opèrent sur des localités où l'on conserve les chevaux entiers , qu'elle soit le résultat d'instructions qui portent
un caractère de décision et de résolution irrévocables , et l'on
en obtiendra , nous n'en pouvons douter , les plus heureux résultats.

Mais sur toutes choses , que l'administration se souvienne que
de semblables mesures doivent être générales ; qu'elle donne à
tous ses employés les ordres les plus formels de ne s'en départir
sous aucun prétexte que ce puisse être ; car il suffirait d'un
seul qui crût pouvoir ne pas s'y conformer, pour tout paralyser.
Ce serait en vain que les plus zélés lutteraient contre les habitudes et les préjugés , et s'exposeraient à une foule de dés-
agrémens , si d'autres pouvaient à leur barbe admettre ce qu'ils
auraient refusé en conformité de leurs instructions.

Ici se présente à examiner une question d'autant plus grave
qu'elle le paraît moins , et de la solution de laquelle dépend
peut-être l'avenir des chevaux dans notre pays.

L'état doit-il acheter seulement des chevaux de troupe à
un prix déterminé , ou acheter à prix débattu , même les che-

vaux de luxe, dont la valeur plus élevée se compense contre celle des chevaux inférieurs ?

D'abord nous admettons, et nous le disons avec reconnaissance, que dans l'état d'abandon où se sont trouvés les éleveurs dans ces derniers tems, l'administration leur a rendu grand service en les débarrassant de leurs chevaux de luxe à des conditions avantageuses ; mais une semblable mesure ne peut être, ne doit être, que passagère. Elle est dispendieuse pour l'état : en augmentant ses dépenses, elle lui fournirait souvent des chevaux moins propres à son service ; en se prolongeant quelques années, elle complèterait la ruine de notre espèce.

En effet, quelles sont les qualités qui distinguent le cheval de luxe du cheval de troupe ? Elles sont de deux espèces : les unes se rattachent à la beauté des formes extérieures ; les autres à la supériorité des allures, l'activité, la vitesse, etc. Or, s'il est une foule de ces qualités, surtout parmi les premières, qui augmentent de beaucoup la valeur vénale de l'animal, sans ajouter une obole à sa valeur intrinsèque, il est évident que, dans ce cas, l'achat du cheval de luxe, pour la remonte de l'armée, occasionne à l'état un surcroît de dépense tout-à-fait inutile. Mais nous allons plus loin, et nous disons que ce surcroît de dépenses en serait le moindre inconvénient, et qu'il fournirait fréquemment des chevaux moins propres au service. A quoi tendent, en effet, les efforts de la tactique moderne ? N'est-ce pas à donner aux masses toute l'uniformité et l'homogénéité possibles ? Or, les grandes qualités chez les chevaux, pas plus que les grands talens chez les hommes, ne sont le partage du grand nombre. Introduisez dans un escadron un certain nombre de chevaux de tournure ou de qualité supérieures, les premiers détruiront l'uniformité ; l'élévation de leur taille, la beauté de leurs formes, écraseront tout ce qui les approchera, et le contraste sera d'autant plus frappant que, pour les obtenir, il aura fallu en prendre d'autres au-dessous du médiocre. Les autres, par leur action, par leur vitesse, porteront le désordre dans les rangs.

Ce n'est pas tout, viennent les fatigues d'une campagne et les privations du bivouac, et ces qualités mêmes qui leur donnaient un prix si élevé, deviendront autant de défauts; plus ils auront de sensibilité, d'ardeur et de vivacité, plus vite ils succomberont.

On nous objectera peut-être que l'état se charge maintenant de monter les officiers, et que ces chevaux seront pour eux. L'achat simultané du cheval d'officier et du cheval de soldat présente tant d'inconvéniens, comme nous allons bientôt le démontrer, qu'il nous semble impossible qu'on ne revienne pas bientôt sur cette mesure. Quant au principe de l'achat du cheval d'officier par l'état, nous ne doutons pas qu'il n'ait sa source dans les plus louables intentions; mais, ce dont nous doutons fort, c'est qu'il obtiennne l'assentiment des parties intéressées. Il est certains objets, et le cheval est du nombre, que l'homme veut et doit choisir lui-même. Mélange constant de qualités et de défauts, celui-là seul qui doit en faire usage, peut apprécier quelle impression feront sur lui les unes et les autres. Vouloir choisir à sa place, dans le cas dont il s'agit, est le réduire à un rôle assez singulier pour un homme qui, dans le système actuel, peut, d'un instant à l'autre, avoir à coopérer à la remonte générale de l'armée. Il n'avait qu'une chance de s'initier quelque peu à des mystères qu'il devra pénétrer un jour sans les avoir étudiés, on la lui ôte! Au demeurant, du moment qu'il sera bien entendu que l'achat du cheval d'officier par les dépôts de remonte sera tout-à-fait en dehors de celui du cheval de troupe, et n'aura rien de commun avec lui, la question cesse de nous intéresser directement, et nous en laissons l'examen à ceux qu'elle touche de plus près.

Nous avons dit que la continuation de l'achat du cheval de luxe pour la remonte de l'armée consommerait la ruine de notre espèce. Voici comment : d'abord, il est clair que, puis-

que d'une partie même des qualités qui lui donnent du prix,
comme objet de commerce, les unes sont indifférentes, les
autres même nuisibles à ce genre de service, l'acheteur s'in-
quiétera peu de les lui voir perdre ; et comme ce sont précisément celles qui coûtent le plus à lui procurer, il n'y a pas
à demander si l'on tarderait à l'en défaire.

D'un autre côté, du moment que les remontes peuvent acheter toute espèce de chevaux et à tout prix, le vendeur tombe
entièrement dans leur dépendance ; et le commerce est anéanti.
Croit-on que l'éleveur puisse refuser un ou deux chevaux de
tête à l'homme qui seul peut le débarrasser du surplus de son
écurie ? Ne se trouve-t-il pas dans la nécessité inévitable de lui
donner la préférence à prix égal ou même inférieur ? Croit-on
qu'un seul acheteur des remontes souffrira qu'un cheval de
mérite lui échappe ? Ce serait attendre de l'humanité plus qu'on
n'a droit de lui demander. Qui de nous même n'en ferait autant ?

Qu'on se garde cependant d'y voir une concurrence utile
au vendeur. Concurrence suppose égalité. Ici qui trouvons-
nous en présence ? D'un côté, un marchand que le vendeur
n'a peut-être vu de sa vie, qu'il peut ne jamais revoir. De
l'autre côté, un homme avec qui il a des rapports de tous
les instans, un homme revêtu d'une sorte de dictature et de
la volonté duquel dépend la vente de la totalité de ses chevaux. Car, il ne faut pas le perdre de vue, aucun autre acheteur de l'état n'a permission de pénétrer dans la circonscription dont il fait partie, et l'achat direct étant le seul toléré,
il lui devient impossible de se défaire d'un seul cheval de
troupe, excepté par le ministère de l'acheteur auquel il est
inféodé. Une telle concurrence est illusoire et doit nécessairement expulser le marchand, c'est ce que nous éprouvons en ce
moment, où les marchands de Paris et des principales villes
du royaume, qui naguères pullulaient dans nos foires, en sont
totalement disparus. Or, le commerce de luxe seul peut, par

ses exigences , pousser l'éleveur à faire les sacrifices nécessaires , pour améliorer les races.

Nous venons de voir que l'armée , quelqu'élevés que fussent ses prix , ne le peut pas. Et cependant , dans la production du cheval , par suite des déceptions de la nature , le nombre des désappointemens l'emportant toujours de beaucoup sur celui des succès , ce n'est qu'en s'efforçant de produire le mieux possible que l'on arrive à des résultats passables. L'on ne peut espérer des chevaux de luxe d'un mérite réel , qu'en cherchant à produire des étalons ; on n'obtiendra de bons chevaux de troupe qu'en voulant créer des chevaux de luxe ; qu'on ne vise qu'à produire des chevaux de troupe , et l'on aura des chevaux de bât.

Le cheval de luxe et le cheval de troupe , quoique indispensables l'un à l'autre , ne doivent donc pas être confondus , et ils réclament des acheteurs différens. Il y a plus , le cheval de troupe n'est ni un type ni une race à part : c'est un accident. Et voilà pourquoi ceux-là commettent une grave erreur qui demandent que l'administration de la guerre ait pour son compte des étalons convenables pour lui faire des chevaux de troupe qui manquent en ce moment.

Faire des chevaux de troupe , quelle hérésie , juste ciel ! Eh ! bon Dieu ! qu'on laisse là les chevaux de troupe ; qu'on régénère les chevaux de luxe ; et bientôt l'on aura plus de chevaux de troupe que l'on n'en voudra , et dont les plus médiocres seront meilleurs que les meilleurs d'aujourd'hui. Mais c'est là que gît la difficulté. Nos chevaux sont dans une décadence complète ; nous ne prétendons pas le nier On en accuse l'administration des haras. C'est à merveille. Certes , si elle n'en est pas l'unique cause , elle peut se vanter d'y avoir bravement contribué : défaut d'études préliminaires , inaptitude et incapacité de partie de ses membres , absence de doctrines et de système , changemens perpétuels qui n'ont pour cause que les caprices ou la faveur ; tout cela nous est connu et bien d'autres choses encore ; et nous le déplorons plus que personne. Mais pour avoir le droit de prendre sa place , une autre administration doit nous montrer d'abord ses études , ses capacités , ses doctrines , sa stabilité ; elle doit nous indiquer les moyens de faire mieux : jusque-là que gagnerions-nous au change ? On parle d'améliorer le cheval de troupe ; et nous aussi , nous désirons y arriver ; mais c'est en améliorant l'espèce entière : oublier qu'il n'est rien autre chose que le rebut du cheval de luxe , et qu'on ne peut rien faire pour lui d'important ni de durable , sans commencer par celui-ci , c'est tourner dans le cercle vicieux où nous sommes enfermés depuis tant d'années; c'est, qu'on nous passe l'expression, ce que nous autres bas-Normands nous appelons prendre la vache par la queue.

Nous ne savons si c'est une illusion, mais il nous semble avoir démontré que, pour en attendre des résultats utiles, il fallait pour première condition, aux dépôts de remontes , unité dans la direction , fixité dans les idées , stabilité dans les emplois. Ne voyant aucune de ces conditions assurées par l'organisation actuelle , nous avions pensé d'abord que la formation d'un corps spécial eût été préférable. Des hommes dont les hautes lumières nous inspirent une entière confiance nous ont démontré notre erreur. Ils nous ont fait observer :

Que dans cette hypothèse il leur deviendrait à peu près impossible de se débarrasser des agens à qui l'on ne reconnaîtrait pas les qualités convenables , attendu qu'on peut , sans inconvénient , faire rentrer un officier à son corps , mais qu'il faut les motifs les plus graves pour lui faire perdre son état ;

Qu'il serait fort difficile de donner à des hommes qui passeraient leur vie dans un dépôt un avancement et des récompenses analogues à ceux que l'on obtient sur les champs de bataille, ou même dans un service actif quelconque; qu'il était à craindre que ces mêmes hommes , renonçant pour toujours aux habitudes de la discipline militaire, oubliant la vie des camps et des casernes , échangeant le cheval d'escadron et le bancal contre le bidet et le pied de frêne , ne finissent par perdre le cachet du soldat ; qu'au contraire , un séjour momentané dans les dépôts n'avait aucun de ces inconvéniens, parce qu'il n'était jamais assez prolongé pour laisser perdre les habitudes militaires aux officiers, qui d'ailleurs retournaient tôt ou tard se retremper à leur régiment;

Que de plus l'armée trouvait à cette absence momentanée un avantage important, qui était de répandre dans son sein les connaissances en chevaux, toujours si utiles pour les officiers de cavalerie, et qu'il serait même à désirer que tous pussent passer, à leur tour, dans les dépôts, et y compléter de la sorte leur éducation militaire.

Ces raisonnemens, sans réplique en ce qui touche le rétablissement d'un corps spécial de la remonte, ne font que nous confirmer dans une opinion, fruit de vingt années d'expériences de toute espèce. C'est que le système actuel ne peut résoudre convenablement le problème que s'était proposé le gouvernement.

Nous l'avons déjà dit plus d'une fois, et nous ne saurions le redire assez, dans un moment où tant de personnes paraissent l'oublier : la science du cheval, c'est la vie entière de celui qui la veut posséder; elle ne s'improvise point; elle ne peut s'acquérir que dans des circonstances données; l'étude la plus persévérante, la pratique la plus étendue n'y suffisent même pas, si elles ne sont jointes à de certaines dispositions dont la nature ne laisse pas que de se montrer avare, puisqu'il y a tels gens, et c'est le plus grand nombre, qui passeraient leur vie au milieu des chevaux sans jamais les comprendre. Voilà ce qu'on semble ignorer chez nous; et c'est ainsi qu'on regarde un emploi dans les haras ou les remontes comme une excellente occasion d'apprendre à connaître les chevaux ! Sans doute; tout aussi bonne qu'une place à l'académie l'est pour apprendre à lire : avec cette différence, toutefois, que l'un est fort innocent, et que l'autre compromet les intérêts de l'Etat.

Non; du moment que les officiers de remonte ne peuvent consacrer leur vie entière à ce genre de service, il nous semble impossible que les dépôts puissent atteindre, même en partie, le but qu'on s'était proposé en les créant. Les hommes qui les composent, entrés au service à dix-huit ou vingt ans, ne s'étant trouvés dans aucune des circonstances nécessaires pour acquérir la science du cheval, ce n'est qu'après des années d'écoles et de tâtonnemens qu'ils y pourront parvenir ; et encore combien cette science sera-t-elle imparfaite, puisqu'ils n'auront envisagé les chevaux que sous le rapport de l'achat, sans avoir à en faire usage ni à les revendre, conditions qui forment les deux pierres de touche du mérite de l'acheteur.

Ce n'est pas tout. Cette science si imparfaite et si chèrement payée par l'état, lui deviendra parfaitement inutile ; car, au moment d'en tirer parti, le possesseur se verra, par suite des exigences du service, rappelé sous les drapeaux ; et les écoles et les tâtonnemens recommenceront avec son successeur. Que si l'on en suppose quelques-uns favorisés par une aptitude particulière ou des circonstances propices, vainement acquerront-ils en peu de tems, s'ils ne le possèdent déjà, les connaissances qui coûtent aux autres un si long noviciat. Contrariés par les uns, mal compris par les autres, tiraillés dans tous les sens, le découragement ne tardera pas à s'emparer d'eux, et ils saisiront, avec empressement, la première occasion de fuir une place où ils voient le bien sans le pouvoir faire, le mal sans y pouvoir porter remède. Nous allons plus loin, et nous disons que même en supposant, ce qui est évidemment impossible, l'unité de direction la mieux entendue, la capacité la plus entière de la part de tous les employés sans exception, les dépôts de remonte auraient encore de très-graves inconvéniens, qui ne seraient compensés par aucuns avantages qu'on ne puisse également trouver, dans le mode, beaucoup plus simple, dont nous allons incessamment nous occuper.

D'abord, on ne saurait nier qu'ils causent à l'état des dépenses considérables, tout-à-fait en dehors des besoins du service. Solde et nourriture d'un nombre considérable d'officiers et de soldats, logemens, écuries, frais de tournée, nourriture des chevaux au dépôt , accidens , maladies , morts , envois de détachemens , dépenses et accidens de route. Qu'on suppose les chevaux livrés au dépôt de chaque régiment , et toutes ces dépenses disparaissent comme par enchantement.

Envisageons la question sous une autre face. Les employés des remontes achètent des chevaux qu'ils ne revoient jamais ; assez fréquemment ceux d'une arme ont été choisis par des officiers d'une arme toute différente ; s'ils se trompent , qui les en avertira ? Et qu'on ne croie pas détruire l'objection , en disant que le vrai connaisseur saura distinguer le cheval qui convient à chaque arme ; nous ne l'ignorons pas. Mais là il s'agit d'hommes à qui leur position n'a permis d'acquérir que des connaissances imparfaites , et , dans ce cas , les habitudes de toute leur vie auront plus d'influence qu'on ne pense sur leurs choix. Supposons maintenant , si l'on veut , que ces choix soient excellens , nous n'en serons pas plus avancés. Ils sont destinés à des gens qui n'y ont en rien contribué. Or , c'est le propre de l'esprit humain de ne jamais voir du même œil l'œuvre d'autrui et la nôtre ; et particulièrement quand il s'agit de chevaux , c'est un tribut dont ne sont exempts ni les plus modestes ni les plus habiles. On peut donc être certain d'avance que les chevaux , envoyés par un dépôt de remonte à un régiment , paraîtront moitié moins bons aux officiers de ce régiment que s'ils les avaient achetés eux-mêmes. Une partialité involontaire leur en amplifiera les défauts , en diminuera les qualités ; et comme l'affection qu'on porte aux chevaux est toujours en proportion des qualités ou des défauts qu'on leur reconnaît ou qu'on leur suppose , les pauvres bêtes peuvent s'attendre qu'à leur égard on s'acquittera strictement de son devoir , sans doute , mais qu'ils n'espèrent rien de plus. Ils seront soignés comme le prescrit l'ordonnance ; nourris , abreuvés , pansés aux heures voulues ; saignés et purgés s'ils sont malades : ont-ils droit de rien demander davantage ? Quant à ces mille petits soins , ces attentions affectueuses qui devinent les besoins , préviennent les indispositions, à quel titre les réclameraient-ils d'hommes qui, étrangers à leur choix, ne peuvent y être portés par l'affection, l'intérêt, ni l'amour-propre, ces trois grands mobiles du cœur humain ? Aussi, vienne l'inspecteur général, et gare les oreilles de ceux qui n'auront pas charrié droit. Qui dit même que, dans les cas de médiocrité bien constatée, l'on ne cédera point quelquefois à la tentation, assez naturelle d'ailleurs, d'aider à la nature, et de se débarrasser d'un sujet sans avenir ? Et l'on s'en fera d'autant moins de scrupule que souvent l'on sera persuadé qu'on est victime d'une injustice, et que l'on n'a reçu que le rebut des autres régimens.

Ainsi donc, pour nous résumer, augmentation dans les dépenses, choix moins appropriés aux besoins, mécontentement général dans l'armée, plaintes, réclamations, jalousies, cessation de responsabilité des chefs de corps, et par suite diminution de surveillance et augmentation de réformes : tels sont les inconvéniens inévitables de l'institution des dépôts de remonte, même en leur supposant une perfection impossible à réaliser.

Mais il serait inutile de dévoiler le mal, si l'on n'indiquait le remède. C'est ce que nous allons nous efforcer de faire.

Des Remontes par Régiment.

Il n'est que soi à ses noces. Qu'on nous pardonne ce proverbe : il résume si bien ce que nous voulons dire, que nous n'avons pu résister à la tentation d'en faire l'application. Eh ! sans doute, il n'est que nous dans les circonstances où nos intérêts les plus chers sont en jeu. Qui connaîtra les besoins d'un corps, qui apportera du zèle à les satisfaire, qui aura intérêt d'y réussir, comme les chefs de ce même corps ? Pourquoi donc ne pas les en charger ? Pourquoi chaque colonel, aidé d'un conseil composé de trois ou quatre officiers les plus habiles du régiment, ne serait-il pas autorisé à se procurer chaque année les chevaux dont il aurait besoin ? Il traiterait avec un marchand de son choix qui, moyennant le prix déterminé par l'état, les lui livrerait au dépôt du régiment ; et voilà déjà tous les faux frais occasionés par les dépôts de remonte supprimés d'un trait de plume.

Voyons maintenant ce que serait cette fourniture. Et d'abord, qu'est-ce que c'est que le marchand ? Le marchand est un homme qui possède toujours certaines connaissances ; qui, depuis son enfance, s'est occupé de chevaux, qui éprouve pour eux cette passion, source première de la science ; car, il ne faut pas le perdre de vue, le commerce de chevaux est trop ingrat par lui-même, pour être jamais le résultat d'un calcul ; l'homme y est entraîné par une impulsion irrésistible, mais qu'il est presque toujours le premier à déplorer ; et l'on ne verra guères de marchands de chevaux, quelque heureuses ou quelque habiles qu'aient pu être leurs spéculations, qui ne fassent tous leurs efforts, pour détourner de la même carrière, leurs enfans ou leurs amis. Voilà donc dans les connaissances du marchand une première garantie de la bonté des choix. De plus, il achète pour revendre, et il faut qu'il contente ceux dont il veut conserver la pratique : autre garantie qu'il apportera à ses achats la plus scrupuleuse attention. Puis vient le voyage, qui fournit un nouveau moyen d'épreuve. Enfin, les chevaux ont à subir l'examen d'hommes sous les yeux desquels ils sont destinés à passer leur vie ; qui connaissent à fonds le genre de service qui sera exigé d'eux ; qui, par devoir comme par amour-propre, ont le plus puissant intérêt à les choisir bons ; à des hommes qui, aux yeux des généraux, des inspecteurs, des princes, deviendront solidaires de leurs qualités ou de leurs défauts ; à des hommes enfin auxquels leurs subordonnés ne manqueront pas journellement d'une manière ou d'une autre, de faire sentir quand ils auront fait de mauvais choix. Aussi, quand la chose arrivera, ce qui est inévitable dans la quantité, il ne faut pas demander si l'on évitera pareille faute l'année suivante et si le fournisseur sera vivement admonesté.

Comme son intérêt est de conserver la confiance de ceux qui l'emploient, on peut être certain qu'il profitera de l'avis.

D'un autre côté, chaque chef devenant personnellement responsable des chevaux de son régiment, il est facile de concevoir de quels soins et de quelle surveillance ils deviendront l'objet de sa part. N'ayant plus à se rejeter sur l'incapacité ou le mauvais-vouloir de tel ou tel dépôt de remontes, on conçoit également quels efforts il fera pour s'épargner le déboire des réformes qui maintenant lui sont si indifférentes. Enfin l'on comprend quelle émulation ce système introduirait entre tous les colonels de l'armée.

Nous ne pensons pas que personne nous conteste aucun des avantages que nous venons de signaler. Voyons quelles objections on y pourrait opposer :

D'abord, nous dira-t-on, les économies résultant de la livraison au dépôt des régiments sont illusoires ; les frais seront à la charge du marchand au lieu d'être à celle de l'état, voilà tout. Or, comme le marchand ne peut faire la guerre à ses dépens, qu'il lui faut même un bénéfice, ces frais et ce bénéfice devront nécessairement se trouver, soit dans une augmentation du prix payé par l'état, soit dans une diminution du prix reçu par l'éleveur.

Lequel de l'état ou du marchand fera voyager ses chevaux avec plus de soins et d'économie ? Lequel évitera le mieux les maladies et les accidents ? Une telle question n'en est pas une. Nous ne craignons pas d'être taxés d'exagération, si nous disons qu'il y aura cent pour cent de différence, et que, si nous calculons une moyenne de cent lieues, le marchand fera pour vingt-cinq francs, ce qui reviendra, pour l'état, à plus de cinquante : sans parler de l'énorme différence entre les soins donnés à de jeunes chevaux par des hommes qui y ont un intérêt direct, et dont c'est l'unique métier, ou des soldats qui n'ont ni l'expérience ni les connaissances que réclament ces mêmes soins, et qui n'en peuvent éprouver que de l'ennui et du dégoût.

Quant au bénéfice du marchand, il est clair qu'il ne peut

s'en passer. Supposons-le de cinquante francs par cheval : ce serait donc en tout soixante-quinze francs à ajouter au prix actuel, pour que les chevaux fussent livrés au dépôt de chaque régiment, que l'éleveur reçût intrinséquement la même somme qu'aujourd'hui, et que le marchand trouvât un bénéfice convenable. Or, ces soixante-quinze francs par tête de cheval, sait-on ce qu'ils coûtent aujourd'hui ? Nous n'osons le dire à cent francs près. Mais que l'on calcule les dépenses occasionées par les dépôts de remontes, telles que nous les avons précédemment indiquées ; qu'on les répartisse sur les chevaux qu'ils fournissent, et l'on verra que si nous les portons ici à deux cents francs par tête, c'est pour indiquer un chiffre quelconque (les calculs présentés aux chambres les portaient, nous a-t-on assuré, à quatre ou cinq cents francs). Voilà donc, d'après notre plus que modeste appréciation, un bénéfice clair et net de cent vingt-cinq francs par cheval. Nous allons le porter à cent cinquante, car nous nous contenterons d'une augmentation de cinquante francs, et encore l'éleveur y gagnera.

Voici pourquoi : c'est qu'en réalité il est assez rare qu'il reçoive intégralement aujourd'hui le prix accordé par l'état : une partie des dépôts sont alimentés par des marchands qui ont à parcourir de longues distances, et à réaliser des bénéfices tout comme s'ils avaient des régiments à fournir : les autres dépôts, situés au centre même de la production, semblent être dans des conditions plus favorables ; mais là naturellement l'on se montre plus difficile ; on exige des chevaux qui, pour être d'une valeur vénale plus élevée, n'en sont pas toujours plus propres au service militaire, et que, du reste, le commerce paierait tout aussi cher. Enfin, bien que les marchands n'y soient point admis, ce serait une erreur que de croire que la spéculation en soit totalement bannie : toute la différence c'est que, pour le spéculateur, le nom de fermier remplace celui de marchand, et qu'il ne paie pas patente ; voilà tout. Qu'on se garde toutefois de regarder cette observation, de notre part, comme une plainte : au contraire, vouloir exclure les marchands des dépôts de remontes nous a toujours paru aussi peu juste que de ne vouloir y admettre qu'eux. Car, enfin, l'acheteur ne doit connaître qu'une chose : c'est la marchandise, peu importe qui la présente. Aussi n'arrivera-t-on jamais, quoiqu'on fasse, à empêcher ce qui ressort de la nature même des choses, et ce serait un grand malheur qu'il en fût autrement. Ne voit-on pas qu'à ce moyen, le pays se trouverait à la merci de quelques hommes, au zèle et aux bonnes intentions desquels nous nous plaisons à rendre justice, mais enfin qui sont des hommes et conséquemment sujets aux passions et aux erreurs ?

Ainsi, en admettant que nul cheval ne serait acheté par l'état, que chez le cultivateur même qui l'aurait élevé, il en résulterait que du jour où l'officier, dans la circonscription duquel il se trouve, l'aurait refusé dans un moment d'erreur, ou faute de besoin, le pauvre diable, son cheval fût-il le premier carabinier de France, ne pourait plus le vendre à personne, pour le service de l'état. Nous le demandons, cela tombe-t-il sous le sens ? Avant que de prétendre bannir la spéculation des dépôts de remonte, que l'on commence donc par nous prouver d'abord que le nombre à fournir par chacun d'eux est exactement calculé sur celui que renferment les localités ; ensuite que les acheteurs voient tous du même œil, et qu'ils sont tous infaillibles. Jusques-là laissez faire et laissez passer : et soyez persuadés qu'il n'est pas d'entraves au commerce, quelque bienveillans qu'en soit le but, qui ne fasse plus de mal que de bien.

Passons à une autre objection. Le marchand ne se contentera pas du bénéfice que vous lui assignez, et il rançonnera l'éleveur. — La chose est impossible. Est-ce que chaque régiment n'aura pas son fournisseur ? est-ce que la même émulation qui existera entre les premiers n'existera pas également entre les seconds ? est-ce que l'éleveur ne connaîtra pas le prix accordé par l'état ? Pour un marchand qui voudrait lui faire la loi, il en trouvera dix qui se disputeront son cheval, s'il est bon.

Mais dira-t-on : la corruption. La corruption ? De qui ? Par qui ? A propos de quoi ? Nous l'avouerons, nous ne sommes pas de ceux qui voient partout la corruption : en tout cas , elle n'est pas possible en cette circonstance. C'est une fourniture de quarante chevaux tout au plus , qui se fait au grand jour , à la face d'un régiment entier. C'est un colonel , c'est l'élite de ses officiers qu'il s'agit de corrompre , sans exception , car un seul suffirait pour tout empêcher. Et cette corruption , c'est un marchand qui l'exerce pour pouvoir fournir des chevaux d'une qualité inférieure. Ainsi voilà une quarantaine de chevaux qui devront suffire au bénéfice illicite du marchand , à l'avidité des officiers. Mais la valeur totale des quarante chevaux y suffirait à peine ; car il est question d'hommes qui valent quelque chose , et qui ne se vendront pas pour rien. Ne voyez-vous pas qu'en signant cet infâme marché , ils ont pris à tâche de déshonorer l'honneur même, l'épaulette de l'officier Français? qu'ils ont pris l'engagement de ne pouvoir entrer dans les écuries , ni se présenter aux manœuvres , sans que le rouge leur monte au visage ? que les voilà devenus l'objet des mépris et des sarcasmes du dernier de leurs soldats ? Croyez-vous qu'ils voudront ainsi se couvrir d'opprobre pour quelques misérables centaines de francs ? Et quand même une sordide avarice pourrait les aveugler à un tel point , est-ce que leur intérêt propre ne serait pas là pour les arrêter ? Responsables du choix de leurs chevaux , comment supporteraient-ils la comparaison avec les autres régiments ? qu'auraient-ils à répondre aux inspecteurs généraux qui leur demanderaient comment il se fait que leur corps est le plus mal monté de l'armée ? Non , autant il est difficile d'éviter la corruption dans les grandes fournitures, autant elle est impossible dans cette circonstance.

On nous dit encore : votre système ouvre la porte aux chevaux étrangers. Pourquoi donc , s'il vous plaît ? Est-il un colonel , s'il lui est fait défense péremptoire d'en admettre , qui voudra encourir la disgrâce du gouvernement , pour les beaux yeux des chevaux allemands ? Et il est si facile de les reconnaître , qu'il ne lui serait pas possible de les déguiser aux yeux du premier inspecteur-général qui passerait. Mais le marchand le tromperait. Nous l'avons déjà dit, l'intérêt du marchand est de ne pas tromper le régiment qu'il fournit. S'il pouvait l'oublier un instant, le colonel et son conseil ne tarderaient pas à s'en apercevoir et chasseraient honteusement celui qui aurait tenté de leur jouer un pareil tour. Pour plus de sécurité d'ailleurs, ils pourraient exiger de lui la communication du livret sur lequel tout marchand enregistre les chevaux qu'il achète, leur signalement, le nom et la demeure du vendeur. Toutefois qu'ils concevraient un doute sur l'origine d'un cheval, rien ne serait plus facile que de s'informer s'il est vrai qu'à telle foire un cheval signalé de telle façon ait été vendu par un tel à tel marchand. Mais que l'on soit sans inquiétude, on n'aurait jamais lieu d'en venir à pareille information ; du moment que les chefs de corps auraient une défense expresse d'admettre sciemment des chevaux étrangers, et qu'ils sauraient qu'une désobéissance de leur part entraînerait l'animadversion du gouvernement et le retrait de leur emploi, on n'en verrait pas un dans l'armée qui voulût compromettre sa position.

Tous les colonels seront-ils capables de juger les chevaux qui leur seront présentés ? Sans doute. D'abord, ils seront aidés par les plus habiles de leurs officiers. Ensuite, comme ils ont l'intérêt le plus direct à ce que leurs choix soient bons, qu'on s'en rapporte à l'intérêt personnel, à l'amour-propre, à l'ambition, pour leur faire trouver les moyens de s'éclairer, s'ils en sentent le besoin. D'ailleurs, il ne s'agit plus là d'acheter dans une foire ; les chevaux qu'on leur présente ont déjà passé par l'examen d'un homme qui avait l'intérêt le plus majeur à ce que le choix fût bien fait ; ils ont déjà été éprouvés par une route plus ou moins longue. Il ne faut donc là que les connaissances les plus superficielles, et bien au-dessous de celles que ne peuvent manquer de posséder les examinateurs, quelque peu éclairés qu'on veuille les supposer.

On nous dit encore : Vous blâmez le défaut de stabilité,

si les variations continuelles dans la marche de l'administration, et vous êtes le premier à recommander un nouveau système. Certainement : quand un système a été suivi pendant 20 ans, qu'il a subi toutes les modifications qu'ont pu imaginer ses prôneurs, et qu'il n'a pu procurer les avantages qu'on en attendait, mérite-t-on le nom de novateur pour en demander le changement? D'ailleurs, il est deux espèces de changemens; l'une qui entraîne de nouvelles dépenses, la création de nouveaux emplois, la nécessité de nouvelles récompenses : ceux-là il en faut être avare et ne les tenter qu'à bonne enseigne. L'autre qui n'a pour but que de simplifier et procède par économie, nous ne voyons nul inconvénient à la tenter, quand la raison nous en démontre les avantages, et surtout lorsque des exemples viennent confirmer les raisonnemens.

Cependant, par une fatalité particulière, la première espèce est la seule qui fasse fortune chez nous. Tout projet qui n'entraîne pas la création d'un nombreux état-major est rarement accueilli; et, sous ce rapport, le nôtre est un triste projet, car il ne nécessiterait pas une seule place nouvelle, il rendrait à l'activité bon nombre d'officiers distingués et d'excellens soldats, et serait d'une exécution si simple qu'il n'y a pas de quoi tenter un seul faiseur.

Quant à ses résultats, nous avons sous les yeux l'exemple de la gendarmerie qui, payant moins cher, ne se remonte que des rebuts de l'armée; dont, les conseils d'administration, souvent composés de fantassins, en savent tout juste assez pour distinguer la tête d'un cheval d'avec sa queue; et qui, cependant, est incontestablement mieux montée que la cavalerie.

Un pareil exemple nous semble péremptoire, mais s'il ne suffit pas, le projet a cela de bon qu'on en peut faire l'essai, sans rien changer à ce qui existe. Qu'on autorise un régiment de chaque arme à se remonter de la sorte, et l'on sera à même de juger avec connaissance de cause.

Une augmentation de 50 fr. par tête suffit : et il y aura

bénéfice clair de plus de 150 fr. , ainsi que nous l'avons déjà dit.

§ IV.

Maison du Roi.

Ainsi que nous l'avons vu précédemment, si la France veut relever son commerce de chevaux et cesser d'être , sous ce rapport, tributaire de l'étranger, il faut avant tout que les éleveurs soient encouragés à produire et à élever le mieux possible. Pour arriver à ce résultat, quelle influence devons-nous invoquer d'abord ? Celle-là même par laquelle le mal a commencé. Nous voulons parler de la maison du roi qui , pendant tant d'années, nous causa le double préjudice des chevaux qu'elle ne nous achetait point , et de ceux que son exemple empêchait d'autres de nous acheter.

Après avoir , sous le dernier règne , répudié totalement les chevaux français , qu'elle payait précédemment moins cher que les particuliers , elle n'admit plus que des chevaux étrangers dont elle ne craignit point alors de porter le prix à trois et quatre mille francs , et ce qui eût été pour nous un encouragement tout puissant , devint une nouvelle prime portée à nos dépens au commerce étranger.

Cependant survint une révolution dont le principal but était de renverser un trône que l'on regardait comme s'appuyant ailleurs que sur la France. Une nouvelle dynastie surgit ; un roi, qui ne dédaignait pas le titre de citoyen , fut proclamé ; on devait penser que le système changerait : il n'en fut rien. Dix ans tout entiers le commerce indigène fut abandonné comme devant, car les achats des deux ou trois dernières années ne méritent pas qu'on en parle. Enfin , cet hiver, une tentative plus sérieuse a été faite : on a manifesté l'intention d'acheter dans le pays , mais s'est-on occupé de savoir quels sont les éleveurs qui suivent les bonnes méthodes ? N'a-t-on accueilli que les chevaux élevés convenablement ? A-t-on rejeté les autres ? Voulant propager l'usage de la castration , a-t-on refusé d'acheter les chevaux entiers? Désirant favoriser l'amélioration du cheval, et sachant qu'elle dépend principalement de personnes dans une certaine position de fortune et d'éducation, s'est-on mis en rapport avec elles? S'est-on surtout inquiété de ménager de justes susceptibilités? En un mot, s'est-on efforcé de faire tourner ces achats au profit du progrès hippique? Nous doutons qu'aucune de ces questions pût recevoir une réponse satisfaisante. Cependant, même en supposant, ce que nous sommes loin d'admettre, que l'on n'attache aucune importance à la prospérité du pays, peut-on croire que, pour le service, ce soit chose indifférente que d'avoir des chevaux bien élevés et castrés de jeune âge, ou des chevaux entiers ayant servi de pères pendant deux ou trois ans? Peut-on ignorer que parmi les éleveurs les plus à même de fournir les meilleurs produits, il en est fort peu qui soient flattés d'aller faire antichambre dans la cour d'une auberge, et qui n'aimassent mieux cent fois vendre leurs chevaux pour le fiacre, s'il n'y avait pas d'autre alternative, que de s'exposer à une semblable humiliation? Non, non; ce n'est pas ainsi que l'on obtiendra de bons résultats.

Pourtant, si l'on voulait, rien ne serait plus facile, et sans dépenser davantage, l'on aurait de meilleurs chevaux et l'on ferait le bien du pays. Mais la visite passagère d'un grand personnage, quelque haut placé et quelque habile qu'on le suppose, ne suffit pas pour atteindre ce but qui réclame, chaque année, pendant plusieurs mois, la présence dans le pays d'un homme digne de confiance par ses connaissances et sa probité, et dont du reste peu importe le rang, pourvu qu'il ne croit pas au-dessous de sa dignité de se mettre en rapport avec les cultivateurs, de se transporter chez eux, de prendre connaissance des chevaux qu'ils élèvent, de l'origine de ces mêmes chevaux, de leur éducation, de leur nourriture, du genre de travaux auxquels ils sont soumis, de l'époque de leur castration; enfin, qu'il se fit une loi de n'acheter que ceux qui auraient été traités suivant les méthodes qu'on veut propager. Alors le roi serait certain d'avoir bien réellement l'élite du pays, et en même tems , comme pour lui fournir les chevaux dont il aurait besoin il faudrait en préparer dix fois davantage , le surplus deviendrait une ressource importante pour le commerce : les marchands reviendraient dans le pays , et les bonnes habitudes ne tarderaient pas à se répandre ; surtout si de leur côté , les remontes acquéraient cette fixité que nous réclamons , et qu'une mesure générale et sévère interdit , sous quelque prétexte que ce fût , l'achat d'aucun cheval castré dans un âge avancé.

D'ailleurs , pour hâter le retour des marchands , pourquoi la maison du roi , après avoir , au moyen de son agent , acheté dans le pays ses chevaux de tête , ne prendrait-elle pas le surplus chez les marchands , ainsi que cela se pratiquait dans les premières années de la restauration ? Ce serait pour ces derniers un encouragement puissant , surtout si l'on renonçait à cette lésinerie maladroite qui , à cette époque , les faisait payer moins cher que les particuliers , et encore fallait-il donner un pot de vin assez élevé, de sorte que le marchand se trouvait souvent forcé de cacher ses meilleurs chevaux. Mais de semblables abus une fois signalés peuvent être facilement évités.

Si les écuries du roi entraient franchement dans le système que nous venons d'indiquer et l'exécutaient avec suite et intelligence, elles ne tarderaient pas à se procurer en France des chevaux qui , nous ne craignons pas de le dire , n'auraient à redouter aucune comparaison , et feraient leur service avec plus d'économie et autant de distinction qu'aucuns autres que ce soit. D'ailleurs l'exemple du souverain aurait bientôt trouvé des imitateurs qui pourraient journellement chez lui se convaincre de la bonté de nos productions ; les princes et les grands finiraient par comprendre combien il est impolitique d'aller à l'étranger chercher ce que l'on peut se procurer dans son pays , et une fois le commerce relevé chez nous et des débouchés assurés , nous ne serions pas long-tems à voir nos chevaux devenir , nous ne dirons plus égaux , mais supérieurs à ceux de nos voisins , sans exception , pour peu que l'administration des haras voulût enfin entrer dans une voie rationnelle et remplir la mission pour l'accomplissement de laquelle elle a été créée.

7

§ V.

Croisement des races pur-sang. Administration des Haras.

Nous nous sommes occupés jusqu'à ce moment de ce qu'il y aurait à faire pour améliorer l'éducation du cheval. Il nous reste à examiner les moyens d'améliorer l'espèce. Ceci n'est pas la partie la plus facile de notre tâche, et nous réclamerons toute l'indulgence du lecteur, si malgré nous, nous sommes forcés de nous apesantir sur des détails quelquefois fatigants. Depuis si long-temps on parle, on raisonne, on écrit sur cette matière, sans parvenir à s'entendre, qu'il est important une fois pour toutes, de poser les questions de telle sorte que l'équivoque ne soit plus possible Car s'il est un infaillible moyen d'éterniser les discussions, c'est de ne pas préciser l'objet dont on s'occupe; de manière que pour des interlocuteurs différents, les mêmes expressions souvent ne représentent pas les mêmes idées A combien de disputes sans fin, par exemple, n'ont pas servi de prétexte ces mots : *Croisement des races et pur-sang ?* Combien de gens en ce moment même se rendent-ils compte de ce qu'ils signifient? A ceux qui vous parlent du croisement des races, demandez ce qu'ils entendent par là; ils vous répondront pour la plupart avec Buffon et Bourgelat, *que le bon et le beau de tous les êtres animés est répandu par parcelles sur la surface du globe, et que l'on a vu que la portion de beauté dans chaque climat, dégénérait toujours*, à moins qu'on ne la réunît avec une autre portion prise au loin : qu'en conséquence il y avait nécessité absolue de mêler les races et de les renouveler souvent par des races étrangères. D'autres diront qu'il leur semble, au contraire, que le cheval ainsi transplanté, se trouve nécessairement dans des circonstances défavorables; et que le changement de climat, de nourriture et d'habitudes, doit lui faire perdre une partie de son mérite. On leur ripostera que l'expérience est là pour prouver le contraire : que chez tous les peuples qui ont de bons chevaux , l'importation d'étalons et de poulinières de différens pays est d'un usage constant et recommandée par tous les auteurs. On citera à l'appui les productions de tel cheval anglais ou espagnol , de telle jument allemande ou russe. Les ennemis du croisement opposeront à ces exemples, des exemples tout contraires , et soutiendront qu'il faut dans chaque pays s'attacher à conserver la race dans sa pureté ; et que tous les mélanges ne tendent qu'à la dénaturer. Ils ajouteront que si quelques chevaux étrangers ont donné de bons produits , ce n'était pas parce qu'ils étaient étrangers , mais seulement parce qu'ils étaient bons eux-mêmes : et qu'à mérite égal un indigène aurait mieux fait encore , et là dessus la discussion ira son train.

A ceux qui parlent du pur sang et qui l'attaquent ou le défendent avec le plus d'acharnement, demandez-leur à l'improviste de vous en donner une définition précise. Les uns vous diront que c'est un animal sans jambes et sans corps, qui court comme si le diable l'emportait. Les autres que le pur sang, c'est , c'est , c'est le pur sang ; une panacée universelle au moyen de laquelle on rend aux races dégénérées les qualités qu'elles ont perdues, et qu'on y en ajoute de nouvelles. Les premiers là-dessus jetteront les hauts cris et diront que cette panacée est un poison , que le pur sang est la ruine des éleveurs ; qu'il ne leur donne que des chevaux décousus , incapables de rendre aucun service , et que l'introduction du pur sang est une calamité. Les seconds leur répondront qu'ils sont des ignorants; qu'à la vérité , le cheval de pur sang est mince , et que ses produits peuvent être décousus dans le principe ; mais qu'avec des accouplements raisonnés et après quelques générations, elles acquerront du volume et conserveront des qualités que , sans lui , elles n'auraient jamais eues. La discussion continuera, et si de part et d'autre on ne se traite pas d'imbéciles, ce ne sera peut-être pas faute de le penser.

Et cependant ils ont tous raison jusqu'à un certain point ; mais aussi tous ils ont tort jusqu'à un certain autre. Le mal vient de ce qu'ils n'ont pas approfondi le sujet dont ils s'occupent, et qu'ils se sont contentés de saisir quelques résultats, sans remonter aux causes qui les ont produits. C'est ce que nous allons tâcher de faire pour eux, et nous essaierons en même temps de poser quelques principes qui puissent faciliter l'examen de la question. Pour cela, il nous faut procéder méthodiquement.

Il s'agit des moyens les plus convenables pour conserver au cheval les qualités qu'il possède, lui rendre celles qu'il a perdues, lui procurer celles qui lui manquent. La première chose dont nous ayons à nous rendre compte, c'est donc : Qu'est-ce que c'est que le cheval, quelles sont les qualités qu'il s'agit de lui conserver, de lui rendre ou de lui procurer ?

Le cheval pour nous, peuples civilisés, est un animal uniquement domestique, c'est-à-dire sur lequel nous avons exercé une foule de modifications en rapport avec nos habitudes et nos besoins. Or, ces modifications, qu'il ne tient pas originairement de la nature, tendent nécessairement à disparaître si elles ne sont pas entretenues par des soins de tous les instants. Mais pour que ces soins puissent être dirigés de la manière la plus convenable, il nous faudrait savoir d'abord en quoi consistent les modifications à exercer, et quelle influence elles peuvent avoir sur lui. Si le cheval existait encore à l'état de nature, il nous serait facile d'arriver à cette connaissance. Malheureusement il n'en est rien. Cependant si nous sommes privés à cet égard d'une donnée tout-à-fait certaine, nous en avons de si probables qu'elles reviennent à peu près au même. Tout porte à croire que, comme les autres grands quadrupèdes, il prit naissance dans les régions tropicales. C'est là qu'on le retrouve encore le plus près de l'état de nature, et que l'on peut juger approximativement de ce qu'il était dans l'origine. Comme tous les animaux dont la vitesse et la légéreté sont les qualités distinctives, son corps ne dut avoir qu'un développement médiocre , ses membres que le degré de grosseur et de force nécessaires pour le supporter.

Cependant l'homme s'étant aperçu qu'il pouvait en exiger des services , le réduisit en esclavage et lui imposa le poids d'un maître. Cette augmentation de charge devint un fardeau disproportionné pour les jambes qui bientôt fléchirent sous le faix. L'homme dut y chercher un remède , et comme il existe toujours dans les espèces des individus plus ou moins fortement constitués , il choisit ceux dont les formes plus développées semblaient promettre plus d'aptitude à ce service ; il en fit des accouplements , et bientôt l'espèce augmenta en hauteur et en grosseur de corps et de membres ; mais il ne tarda pas sans doute à faire une autre remarque , c'est que plus les formes se développaient , et plus ses qualités primitives diminuaient. Cette considération dut l'arrêter aussitôt qu'il fut arrivé à un degré suffisant ; et comme il avait d'ailleurs pour le transport des fardeaux , l'éléphant , le chameau et le dromadaire , il n'eut aucun intérêt à rendre le cheval propre à autre chose qu'à le porter lui-même , ce qui , joint à la sécheresse du climat où ces premiers essais eurent lieu , fut la cause que le pays où le cheval prit naissance , est encore celui où il se trouve le plus près de sa forme et de ses qualités primitives

Cependant il faut se garder de croire que ce que nous y voyons aujourd'hui soit , à beaucoup près , semblable à l'état de nature ; ce n'est , au contraire , qu'à force de soins et de persévérance que les habitants maintiennent leurs races au degré de perfection où elles sont parvenues ; s'il cessaient de s'en occuper , on apercevrait promptement une dégénération marquée dans toutes les parties extérieures.

L'homme en se répandant sur le globe , se fit suivre de sa précieuse conquête , et profitant de climats plus humides et de pâturages plus frais , lui donna un nouvel accroissement de volume qui devenait nécessaire à de nouveaux besoins.

En effet, ses compagnons d'esclavage n'avaient pu suivre, et il devait suffire à tout. Il ne s'agissait plus seulement de porter son maître, il fallait porter et traîner des charges pésantes. L'homme travailla sans relâche à l'y rendre propre ; mais à force de le grandir et de le grossir, il le vit bientôt perdre complètement ses qualités primitives : force fut donc de retourner à la source chercher du sang originel pour retremper ce sang dégénéré. On pourrait croire que le moyen le plus convenable était d'aller en Barbarie, en Arabie ou en Perse, où l'espèce était la plus parfaite. Oui : si le cheval entre les mains de l'homme n'était devenu un animal factice ; et si nous n'avions besoin que de ses qualités primitives. Mais comme elles sont toujours, ainsi que nous venons de le dire, en raison inverse de la taille et de la grosseur dont nous ne pouvons nous passer, il en résulte évidemment qu'elles nous font perdre d'un côté, en nous donnant de l'autre, et que nous nous trouvons ainsi placés entre des écueils. Nous verrons plus tard comment il est possible de les éviter au moins en partie. Il fallut bien cependant dans le principe se résoudre à ce genre d'accouplement et voir plusieurs générations d'animaux décousus, avant que d'arriver à quelque chose de satisfaisant. Ainsi se formèrent par degrés différentes races qui, sous l'influence d'un climat et d'un sol favorables, et dans les mains d'une population industrieuse, réunirent à un degré plus ou moins remarquable, l'assemblage des qualités naturelles et acquises que réclament nos besoins. Mais cet assemblage hétérogène eut toujours pour première condition d'existence une surveillance et des soins perpétuels de la part de ses créateurs. Ainsi toutes les races célèbres d'Espagne, d'Allemagne, de France, d'Angleterre et autres pays furent entièrement le résultat des combinaisons de l'homme, et nullement le produit spontané de la contrée dont elles portent le nom. D'où il résulte qu'il n'y a pas de race appartenant d'une manière absolue à telle ou telle province, et que partout où elle trouvera des circonstances, un sol et un climat analogues, elle y pourra prospérer.

Telle fut l'origine du croisement des races : mais comme on ne se rendait pas un compte bien précis des causes de la dégénération ; comme on était frappé des inconvéniens présens occasionnés par les chevaux du tropique, et que d'ailleurs il n'était pas facile de s'en procurer, en chercha dans tous les pays où il se trouvait des races en réputation, et plus en rapport de formes avec celles que l'on voulait régénérer ; on y choisit les meilleurs étalons qu'on put s'y procurer, et l'on en obtint fréquemment de bons résultats. Au lieu de les attribuer à la quantité de sang originel que ces chevaux avaient dans les veines, on en fit honneur à la différence de climat, et l'on se creusa l'imagination pour trouver les belles raisons que nous avons vues. Cependant il arriva que d'autres chevaux importés des mêmes lieux réussirent moins bien, et que certains chevaux élevés dans le pays donnèrent de meilleures productions. De là cette différence d'opinion fondée des deux côtés sur des faits, à la vérité, légèrement appréciés. Des observateurs plus attentifs auraient vu que les bons comme les mauvais résultats tenaient tout simplement à ce que les chevaux auxquels ils étaient dus, avaient ou n'avaient pas une quantité suffisante de sang originel ; et que du reste il importait assez peu qu'ils fussent nés sur les bords de l'Elbe, de l'Orne ou de l'Humber.

Cependant on finit par comprendre cette vérité, et ceux qui voulurent se procurer des types pour reformer leurs races, renoncèrent aux chevaux de nos climats, et allèrent sous le tropique, et particulièrement en Arabie, où l'espèce se trouve à sa plus grande perfection. En accouplant ces chevaux avec des juments également importées des mêmes lieux, plus souvent avec celles du pays, à force de soins et de temps, et en apportant la plus scrupuleuse attention à éviter tout mélange impur, on parvint à créer une race à laquelle on donna le nom de pur sang, et que beaucoup de personnes regardent comme supérieure même à la race primitive, attendu que sa taille et son volume ont plus d'analogie avec nos besoins. Sous ce rapport les partisans du pur-sang ont donc raison de le présenter comme le seul moyen efficace à employer pour la conservation et surtout la régénération de nos races. Et cependant leurs adversaires ont également raison quand ils se plaignent de lui : voici pourquoi. La seule nation qui de nos jours ait donné au pur sang la suite nécessaire pour lui assurer une existence convenable : c'est l'Angleterre. Or, son idée première en le créant, fut de satisfaire un goût généralement répandu chez elle, celui des courses ; et dans le principe, elle ne chercha pas tant à créer des producteurs que des coureurs. La vitesse étant le but principal auquel elle tendait, elle fit, pour obtenir cette qualité, ce que nous faisons avec tous les animaux domestiques ; elle rechercha les individus qui la possédaient au plus haut degré, et les accoupla ensemble. En suivant ce système avec persévérance, elle parvint à son but et réussit en ce sens qu'elle obtint une plus grande vitesse même qu'en Arabie. Mais comme cette même vitesse est le résultat de certaines combinaisons de la nature, à force l'accoupler ainsi les individus qui la possédaient à un degré éminent, on finit par exagérer quelques parties au détriment des autres. La conformation de l'animal s'éloigna chaque jour davantage de ce qu'exigeait notre service, et se rapprocha de plus en plus de celle qui caractérise l'extrême vitesse dans le lièvre et le lévrier. Malgré ces inconvénients, comme ces chevaux, grâce à leur origine, rendaient de grands services comme producteurs, que de plus, la passion des courses existait à un haut degré, et qu'ils faisaient gagner beaucoup d'argent, on n'en continua pas moins à élever de la même manière, sans examiner s'il ne serait point possible de faire encore mieux, et les mots cheval de course et cheval de pur-sang devinrent synonymes. De là, cette foule d'inconvénients qu'ont signalés avec raison les détracteurs du pur-sang : la longueur démesurée des jambes et de l'encolure, les épaules chevillées, le manque de corps, et tant d'autres défauts qu'il serait trop long d'énumérer.

Mais s'il était possible de donner au pur-sang une forme plus en rapport avec nos besoins, pour lors une partie de ces inconvénients, tous peut-être disparaîtraient, et il n'y aurait plus qu'une voix sur son mérite. Or, la chose est très possible, et avec un peu d'intelligence et de suite, il serait très facile d'y arriver. Mais pour cela, il faut renoncer à faire du pur-sang pour la course, et en faire pour la production. On obtiendra sans doute un peu moins de vitesse, mais on aura en retour plus de membres, plus de corps, plus de liberté d'épaules. Nous n'ignorons pas que beaucoup de personnes ne voyant d'autres chevaux de pur-sang que les chevaux Anglais ou leurs descendants, regarderont ce que nous avons dit comme un rêve; et cependant pour qui a la moindre expérience des chevaux, le simple raisonnement donne la certitude de la réussite. Heureusement d'ailleurs nous avons un autre moyen de les convaincre, et ce moyen reposant sur des faits authentiques et incontestables, il y a lieu d'espérer qu'elles se rendront à l'évidence. Si l'Angleterre est la seule nation de l'Europe qui possède en ce moment le pur-sang, il n'en fut pas toujours ainsi. Une autre l'a possédé avant elle, et l'a conservé sans interruption pendant plus de huit siècles. Eh bien ! ce pur sang était en tout l'opposé du sang Anglais. Il avait du corps, des membres, du tride, de la liberté, du liant, une belle position ; et comme si ces deux races avaient été créées pour être en tout l'antipode l'une de l'autre, les qualités les plus remarquables de l'Anglais étaient précisément celles qui manquaient à l'Espagnol. De telle sorte que la perfection devrait se rencontrer au point intermédiaire entre les deux races : et si nous considérons la position de la France, il semble que ce soit à elle de résoudre le problème.

Il est si vrai d'ailleurs que la majeure partie des défauts du pur-sang Anglais sont uniquement dus à ce qu'il est élevé dans le but de la course, que nous le voyons manquer de corps et de membres au mlieu de pâturages excellents, malgré une nourriture abondante, et sous un climat humide; toutes conditions qui devraient le faire pécher pas des défauts opposés; et qu'un climat sec, un sol sans pâturage et presque sans fourrage, n'empêchaient pas l'Andaloux d'avoir autant d'étoffe et de dessous qu'on en pouvait désirer. Cette différence tient uniquement aux buts différents qu'on s'était proposés en créant ces deux races, et conséquemment au genre d'accouplements qu'on avait suivis. En effet, sous les rois Maures, pas plus que sous les rois Espagnols qui les remplacèrent, il n'existait un système de courses régulièrement organisé, comme nous le voyons en Angleterre. On courait sans doute, mais chacun sur son cheval ordinaire de chasse ou de bataille. De sorte qu'on ne s'attachait dans la production qu'aux qualités qui pouvaient rendre de bons services soit à l'armée, soit dans les tournois, carrousels ou manéges, soit enfin en voyage ou à la chasse. Or, pour ces divers usages, il fallait de l'ensemble, du corps, du dessous, de la souplesse; et tout producteur d'une conformation, nous ne dirons pas semblable, mais même légérement en rapport avec celle du pur-sang d'aujourd'hui eût été repoussé sans hésitation.

Ainsi donc, pour nous résumer, le pur-sang est indispensable à toute nation qui veut régénérer, conserver, ou améliorer ses chevaux. Mais pour qu'il puisse remplir ce but, d'une manière complète, il faut qu'il soit créé dans la vue de la production, c'est-à-dire qu'on s'attache constamment dans les accouplements, à lui procurer les formes extérieures qui se rapprochent le plus de nos besoins; et comme ces formes sont diamétralement opposées à celles qui procurent l'extrême vitesse, on ne doit jamais viser à obtenir cette dernière, qui ne s'acquiert qu'au détriment de qualités infiniment plus précieuses pour nous, telle que le liant, la liberté d'épaules, l'élévation des allures, la solidité. La chose est si vraie qu'abstraction faite des défauts de conformation du cheval de course Anglais, non seulement il a lui-même d'assez mauvaises épaules, mais c'est encore le défaut capital de la plupart de ses productions; et toutes rasent le tapis. La raison en est facile à concevoir : à force de sacrifier à la vitesse, et d'exagérer les parties qui la donnent, on a obtenu dans l'arrière-main, une force de détente hors de proportion avec celle des autres parties, et la masse étant poussée sur les épaules avec une vigueur qui n'est pas contrebalancée, l'équilibre se trouve ainsi rompu. En effet, tout animal est une machine vivante. Or, une machine cesse d'être parfaite du moment que quelques-uns des rouages ou des ressorts ont une force disproportionnée avec celle des autres : et l'éleveur qui ne s'attache dans le cheval qu'à obtenir la vitesse, ressemble un peu à un horloger qui croirait rendre une bonne montre meilleure, en doublant la force du grand ressort. Oui, si la plupart des chevaux Anglais sont raides, s'ils prennent sur la main, s'ils ramassent les cailloux, s'ils ont des réactions dures, et des contre-temps insupportables, il ne faut pas en chercher d'autres causes. Cependant, comme à côté de ces défauts se trouvent des qualités précieuses; que le goût des courses est répandu dans la nation; que ses richesses et ses lois leur assurent un développement considérable, il est facile de concevoir qu'en raison des bénéfices qu'elles procurent, l'Angleterre a de puissants motifs pour continuer, malgré les inconvénients, à élever le pur sang dans le but de la course. Mais pour nous qui, avec nos modiques fortunes, notre égalité de partage, n'avons pas, ne pouvons jamais avoir ce goût dispendieux; pour nous qui élèverions des chevaux de course, non pas pour courir, mais pour produire, n'est-il pas évident que ce serait le comble de la déraison que de leur donner volontairement des défauts dont nous éprouverions tous les inconvénients sans les compensations?

Les partisans des courses nous font une objection: ils nous

disent que la pureté d'origine toute précieuse qu'elle soit, ne suffit pas pour faire admettre un cheval à l'honneur de régénérer la race; qu'il doit faire preuve de qualités supérieures; et que la course est le seul moyen de lui en fournir l'occasion, attendu qu'elle les constate d'une manière incontestable; que de plus l'entraînement développe et augmente ces mêmes qualités.

Voilà comme trop souvent, en tirant de fausses conséquences d'une vérité inattaquable, on parvient à embrouiller les questions les plus claires.

Que la pureté d'origine ne soit pas seule suffisante, et qu'elle doive être accompagnée de qualités supérieures, c'est ce que pas un homme de sens ne s'avisera de nier, et dont nous croyons même sentir la nécessité plus que nos adversaires. Mais que la course soit le seul moyen de fournir au cheval l'occasion de développer ses qualités et de prouver qu'il est digne de procréer les chevaux que réclament nos différents services: voilà ce qu'il nous est impossible de comprendre.

Quels sont en effet ces services? L'attelage, la route, la guerre: à peine y devons-nous joindre la chasse. Quant à la course, nous l'avons déjà dit, elle ne peut jamais devenir un besoin chez nous, ni être comptée au nombre de nos services: nos lois, nos habitudes, l'état de nos fortunes y mettent des obstacles insurmontables, et l'extrême vitesse ne peut nous être pour elle-même d'aucune utilité. Quant aux chevaux d'attelage, de voyage ou de guerre, que leur demandons-nous? Marcher avec aisance, trotter bien, vite, et long-temps, courir avec assurance, avoir les mouvements souples et réguliers, la bouche belle, le devant haut, du fonds et du soutien; telles sont les qualités qu'il s'agit de constater; et l'on n'aurait d'autre moyen pour s'en assurer, que de recourir à un exercice qui n'a aucun rapport avec ce que l'on veut savoir! On ne s'occuperait ni du pas ni du trot! Pour le galop, on choisirait précisément l'espèce dont pas un cheval de service n'aura peut-être occasion de faire usage une fois en sa vie! L'ensemble, la régularité, le soutien, le fonds ne seraient comptés pour rien ! C'est vraiment incroyable. Mais, nous dit-on, ces diverses qualités sont plus ou moins hypothétiques; leur appréciation est assez difficile, et donnerait lieu à des discussions sans fin. La vitesse au contraire, est un fait patent, qui ne peut être l'objet d'aucun doute, et que tout le monde peut apprécier. En effet, sous ce rapport, le système des courses est un fort beau système; et du moment qu'on admet que le cheval qui arrive le premier est toujours le meilleur, il n'est point besoin d'études préparatoires bien ardues ni d'une science bien profonde, pour apprécier son mérite. Nous convenons que c'est fort commode. Malheureusement l'expérience nous a démontré qu'il n'est pas rare que des chevaux, quoique très-vites, n'aient ni liberté, ni soutien, ni fonds; qu'ils peuvent être couverts de tares, et doués de la plus vicieuse conformation; qu'assez souvent même la vitesse semblait s'accroître par l'état douloureux de certaines parties: et nous persistons à croire qu'avant de lui confier la régénération de son espèce, il faut s'assurer si le cheval est doué d'une conformation convenable, s'il est exempt de tares, s'il possède les qualités que nous désirons qu'il transmette à ses descendants, ou en d'autres termes s'il marche, trotte et court d'une manière satisfaisante. Il est vrai que pour ces diverses appréciations, il faut de certaines connaissances qui ne s'acquièrent que par de longs travaux, et pourraient rendre la tâche de quelques personnes un peu plus difficile qu'elle ne l'a été jusqu'à ce jour, et exiger d'eux autre chose que l'acquisition d'un chronomètre.

Au demeurant, pour la race du pur-sang, il est deux espèces de producteurs, les particuliers et le gouvernement. Rien ne s'oppose à ce que ceux des premiers qui voudront courir soient encouragés : pour le gouvernement, c'est même une obligation que de le faire. Comme spectacle, comme occasion de réunir les amateurs, de déployer un luxe de chevaux et d'équipages, d'entretenir le goût du cheval dans la nation, les courses sont d'une utilité incontestable, et il ne saurait trop leur venir en aide au moyen de prix et de tout autre encouragement en son pouvoir. Mais il ne doit en aucune façon y prendre part comme concurrent. Qu'il laisse aux particuliers les triomphes d'hippodrome et les applaudissements du public; ils leur coûtent assez cher, et peuvent servir à les exciter à se livrer aux dépenses toujours considérables que nécessite l'élève du pur-sang. Mais pour l'administration qui n'a besoin ni d'encouragement ni d'indemnité, une tâche et plus utile et plus belle lui est réservée. Cette tâche, c'est de créer et d'entretenir une race régénératrice qui nous donne des chevaux de service, qui pour nous sont d'une bien autre importance que les coureurs. Elle le peut, elle seule le peut; elle seule a les établissements convenables, et peut y mettre la suite et la persévérance indispensables; elle seule peut faire les avances, sans se laisser influencer par des idées de perte ou de profit; elle seule peut maintenir la race qu'elle aura créée dans toute sa pureté. C'est ainsi qu'elle s'assurera des droits à la reconnaissance du pays. Mais pour arriver à d'utiles résultats, il faut de grands changements. Elle devra acquérir une fixité et une stabilité qui lui ont été inconnues jusqu'à ce jour, et adopter un système et ne s'en point départir. Pour cela il faut qu'elle comprenne que la science du cheval n'est pas un vain mot; que comme toutes les autres sciences, elle demande une étude, et une étude approfondie; et que plus qu'aucune autre peut-être elle doit s'appuyer sur l'expérience et l'observation. Qu'en conséquence, elle ne doit admettre dans son sein que des hommes spéciaux, qui se soient destinés à elle depuis leur enfance, par des études préparatoires et indispensables, un cours d'hippiatrique complet, un certain nombre d'années d'équitation, un surnumérariat: tout cela non pas en paroles, mais en réalité. Que sous aucun prétexte, ces conditions ne puissent être éludées; que personne ne puisse être admis sans les avoir remplies sérieusement, et ne puisse parvenir aux grades supérieurs qu'après avoir passé par tous les autres : alors il se formera des hommes capables qui, élevés à la même école, s'accoutumeront à voir de la même manière; il se formera des traditions, un corps de doctrine, un système; et l'on atteindra un but vers lequel on marchera d'un pas ferme et assuré.

On nous objectera peut-être que tout ce que nous réclamons existe. Oui, sur le papier : malheureusement chaque jour les faits viennent démentir les paroles.

Et cependant même, en ce moment, ce qui lui manque, c'est bien plutôt l'absence d'un bon système, que la capacité et les bonnes intentions. Elle renferme des hommes au mérite desquels nous nous empressons de rendre justice, et nous ne doutons pas qu'elle ne possède tous les éléments nécessaires pour faire le bien, s'ils étaient poussés dans une bonne voie : mais on leur imprime une fausse direction, et faute d'en savoir tirer un parti convenable, on laisse à peu près inutile une institution qui pourrait rendre tant de services. Le premier et le plus important, nous venons de le signaler, c'est la création et l'entretien d'une race de pur-sang en rapport avec nos besoins. Il en est un autre qui ne le cède guère à celui-là, et qu'il serait si facile d'obtenir, et par des moyens si simples, que nous ne concevons pas comment il se fait qu'on ne s'en soit pas encore occupé. C'est ce que nous allons faire dans le paragraphe suivant.

§ VI.

Équitation.

Si la France manque de chevaux, elle manque également d'hommes de cheval, et la science de l'équitation n'existe plus pour nous. Il est vrai que pour ceux qui voudraient l'acquérir, la chose n'est pas aisée, puisqu'il n'y avait pour toute la France que sept écoles, et que dans un de ces incompréhensibles accès d'aveugle lésinerie, auxquels se laissent aller quelquefois les assemblées, la chambre des députés pour une misérable économie de quelques milliers de francs, les a supprimées. Nous convenons qu'elles étaient mal organisées, qu'elles fonctionnaient mal, qu'elles ne remplissaient qu'imparfaitement le but qu'on s'était proposé en les créant : mais il eût été facile d'y porter remède et de les améliorer ; on a trouvé plus simple de les détruire ! Il dépend de l'administration des haras de nous les rendre, en beaucoup plus grand nombre, sur un pied plus convenable, et sans qu'il en coûte rien à l'état : voici comment.

Elle a à sa disposition trois haras et un certain nombre de dépôts. Les haras sont de vastes établissements où se trouvent à la fois des étalons, des poulinières et des poulains. Les dépôts ne renferment que des étalons. Du reste, à l'époque de la monte, ceux-ci ne restent ni au haras, ni au dépôt ; il sont répartis par stations sur tous les points, où on les croit utiles. Conséquemment, hors cette époque, leur résidence dans un lieu ou dans un autre, est chose tout-à-fait indifférente, et il ne pourrait y avoir aucun inconvénient à établir les dépôts au chef-lieu des départements producteurs. Quant aux haras nous voudrions les en voir bannir, à l'exception de ceux qui seraient nécessaires pour le service. A ce moyen les haras seraient uniquement réservés à la production de l'espèce régénératrice. Là sous les yeux et la surveillance immédiate des sommités de l'administration, se suivraient tous les genres d'expériences et d'accouplements qu'on pourrait croire utiles. Là on joindrait la pratique à la théorie, et dorénavent on ne serait plus exposé à recommander souvent ce qu'on n'a pu essayer, et les meilleures méthodes seraient prêchées d'exemple. Là enfin viendraient terminer leur éducation hippique les élèves qu'auraient formés les dépôts, comme nous allons le dire immédiatement.

Les dépôts, comme aujourd'hui, sous la direction d'un chef de dépôt, et la surveillance d'un inspecteur général, formeraient autant d'écoles d'équitation qui seraient ouvertes pendant toute l'année; seulement pendant la monte, l'on s'y occuperait plus spécialement de l'éducation des jeunes chevaux, et l'on y garderait jusqu'à la fin de la saison les chevaux à réformer. A ce moyen les étalons, au lieu d'être privés d'exercice et de perdre leurs moyens et leur santé dans un repos absolu de neuf mois par année, souvent même d'acquérir les vices qu'amène toujours l'oisiveté avec elles seraient soumis à un travail régulier et modéré qui développerait au plus haut degré possible les diverses qualités dont les aurait doués la nature, sans avoir à craindre cette foule d'accidents, suite trop ordinaire des efforts démesurés que nécessitent les courses et l'entraînement qui en est le prélude obligé. D'un autre côté, comme il n'y aurait à payer ni achat, ni nourriture de chevaux, ni gages ni nourriture de domestiques, le prix des leçons pourrait être fixé par le gouvernement à un taux assez modique, pour les mettre à la portée de toutes les fortunes : et cependant, quelque modique qu'il fût, comme il rentrerait sans aucun frais, les chefs d'établissement y trouveraient encore un bénéfice assuré. A chacun de ces dépôts serait adjoint un vétérinaire qui professerait l'hippiatrique dans toutes ses branches, et dont le prix des leçons serait également fixé par le gouvernement. Toute personne qui voudrait entrer dans l'administration des haras, devrait préalablement justifier avoir suivi ces leçons d'hippiatrique et d'équitation, pendant un certain nombre d'années, et subir des examens qui prouvassent qu'elle en a profité, avant que de pouvoir être admise dans les écoles supérieures et spéciales qui seraient établies dans les haras, et hors desquelles il serait absolument défendu de prendre un seul employé.

On objectera peut-être que tous les directeurs de dépôt ne sont pas en état de donner de leçons d'équitation. A cela nous répondrons que c'est fâcheux, attendu que l'équitation est une science indispensable dans leur position. Mais dans tous les cas, cet inconvénient ne serait que passager, puisque dorénavent personne ne pourrait entrer dans les haras qu'après avoir reçu des leçons assez long-temps, pour être capable d'en donner à son tour, et ne pourrait prétendre aux grades élevés qu'après avoir justifié d'une capacité incontestable. L'objection ne pourrait donc s'appliquer qu'à ceux des titulaires actuels qui se trouveraient hors d'état de professer : il serait facile d'y obvier, en leur permettant, pour cette fois seulement, et sans que la chose tirât à conséquence, de s'adjoindre un écuyer auquel ils abandonneraient tout ou partie des recettes. Dira-t-on que MM. les chefs de dépôt trouveraient au-dessous d'eux de donner des leçons ? Nous ne pouvons croire qu'un seul pût avoir cette pensée, ni rougir d'une occupation dont s'honorèrent les Nestier, les Laguérinière, les d'Abzac et une foule d'autres célébrités. Dira-t-on enfin que pour mettre à exécution ce projet, le nombre des établissements et des dépenses devrait être augmenté ? Ce serait une erreur. Trois haras seraient suffisants ; peut-être même pourrait-on se contenter de ceux du Pin et de Pompadour, si on leur donnait toute l'extension dont ils sont susceptibles, et s'ils étaient uniquement réservés à l'usage que nous avons indiqué. Quant aux dépôts, le nombre actuel pourrait également suffire ; seulement ils devraient en général être changés de place ; mais nous sommes convaincus qu'il n'en coûterait rien, et qu'on ne manquerait pas de villes importantes qui se chargeraient volontiers de fournir les logements pour jouir de l'avantage de posséder le dépôt.

De cette manière on sauverait les Français de la réputation malheureusement trop méritée, d'être les plus mauvais cavaliers de l'univers, et l'on ranimerait chez eux le goût du cheval ; car il ne s'agirait plus là de ces établissements qu'on décore du titre pompeux d'écoles d'équitation, et qui ne contiennent en réalité que de misérables chevaux de louage, sans moyens et sans énergie, véritables machines qui marchent, tournent et s'arrêtent à la parole, sans donner au cavalier d'autre souci que celui de lui rouler sur le corps : ce seraient de véritables écoles offrant aux études de l'amaleur, non seulement l'élite des chevaux de la France, mais encore un choix parmi ce que les races étrangères les plus célèbres produisent de meilleur. Il se formerait des hommes véritablement dignes du nom d'hommes de cheval ; les talents et le mérite trouvant à s'exercer et à se faire connaître, les faveurs et les passe-droits deviendraient moins fréquents ; le sort des chefs de dépôt s'améliorerait ; enfin les étalons soumis à un travail régulier, pourraient être essayés de toutes les manières, et à toutes les époques de leur vie, et l'on ne courrait plus risque, comme la chose arrive encore quelquefois, ou de se laisser décevoir par des promesses précoces que l'âge ne confirme pas, ou de fermer les yeux sur des qualités tardives.

Et tout cela se peut obtenir sans qu'il en coûte un sou à l'état, et rien qu'en tirant parti de ressources jusqu'à présent laissées improductives.

Cependant nous ne pouvons le dissimuler, nos plans pour atteindre complètement le but, réclameraient quelques victimes, et nous aurions à demander à MM. les inspecteurs généraux de pénibles sacrifices. Mais nous avons trop haute opinion de leur patriotisme, pour douter un instant que nouveaux Curtius, ils ne soient prêts, pour la chose publique, à se lancer dans l'abyme ; et même tout à cheval, si toutefois ils y montent. Nous ne l'ignorons pas, il est doux de dépenser à Paris de beaux appointements ; mais nous ne voyons pas ce que peut y gagner l'amélioration du cheval, et si nos vœux étaient exaucés, ils se verraient bientôt contraints de s'installer au haras chef-lieu de leur inspection, et de s'y livrer à la fois au perfectionnement de la race régénératrice et à la surveillance des dépôts de leur circonscription. Condamnés à habiter de jolis châteaux, au milieu d'un pays magnifique, il leur faudrait bon-gré, mal-gré, s'occuper de ce qui doit être chez eux la passion dominante, s'ils sont dignes de leur emploi. Les pauvres gens !

Mais en attendant les résultats que nous venons d'indiquer

et jusqu'à ce que l'on ait rendu le pur-sang suffisamment étoffé, quel moyen employer pour produire les chevaux de service et de commerce dont nous avons besoin ? Pour le moment, à quelques exceptions près, le demi-sang bien choisi, surtout en s'attachant beaucoup plus qu'on ne le fait à la race de la mère, nous paraîtrait infiniment préférable au pur-sang tel que les courses nous l'ont donné. Mais comme le demi-sang, quelque mérite que nous lui supposions, ne pourra jamais donner à ses productions que des qualités éphémères, ni créer une race durable, il faut se hâter de former celle qui doit être la base de notre espèce, et pour y réussir, il faut le vouloir.

***

Lorsqu'au commencement de l'année qui va finir, nous tracions cet essai, quelque convaincus que nous fussions de la vérité de nos assertions, nous étions loin de penser qu'elles dussent être aussitôt et aussi complétement confirmées. La France, dans une simple éventualité de guerre, avant que d'avoir perdu un seul cheval, et simplement pour mettre son armée au grand complet de paix, allant mendier à l'étranger 50,000 chevaux, et subissant les refus non-seulement des grandes puissances qui pouvaient se croire menacées par ses armements, mais encore de cette bande de roitelets et de principules auxquels l'Allemagne est en proie ! Rois pour qui l'un de nos 86 départements serait un empire, princes d'on ne sait quoi, ducs d'on ne sait où, il n'en est pas un qui nous ait épargné l'humiliation que du reste nous avions si bien méritée. La leçon du moins nous profitera-t-elle ? Comprendrons-nous enfin la nécessité, l'indispensable nécessité de nous affranchir de ce honteux tribut ? Se trouvera-t-il encore un seul Français digne de ce nom qui consente désormais à faire usage de chevaux étrangers ? Grands de l'état, est-ce que vous ne donnerez pas l'exemple ? Princes, pairs, députés, ministres, administrateurs, magistrats, élite de la nation, ne les bannirez-vous pas de vos écuries, et ne finirez-vous pas par comprendre que du jour où vous offrirez un débouché assuré aux chevaux du pays, ils ne vous feront pas faute ? Vous surtout qui présidez à nos destinées, vous dont la sagesse a su, dans tant de circonstances difficiles, nous conserver la paix ; vous qui dernièrement encore n'avez pas craint d'offrir votre poitrine aux coups des assassins, pour détourner de nous les fléaux d'une guerre insensée, nous vous en supplions, n'oubliez pas que, malgré tous les efforts de la prudence humaine, un jour, (Dieu veuille en éloigner le terme) un jour viendra la guerre, et que le premier devoir de la paix, c'est de nous préparer les moyens de combattre. Votre exemple et votre influence seront tout puissants, et soyez convaincu que ce bienfait ne sera pas le moindre de vos titres à notre reconnaissance.